Cuadernos de lógica, epistemología y lenguaje

Volumen 20

Husserl, Carnap y los conceptos de completud en lógica

Cuadernos de Lógica, epistemología y lenguaje
Series Editors   Shahid Rahman and Juan Redmond
Assistant Editor   Rodrigo López-Orellana

Husserl, Carnap y los conceptos de completud en lógica

Víctor Aranda

Prólogo de
Paolo Mancosu

ISBN 978-1-84890-380-7

College Publications
Scientific Director: Dov Gabbay
Managing Director: Jane Spurr

http://www.collegepublications.co.uk

Cover produced by Laraine Welch

Índice general

Prólogo

En los últimos treinta años, la filosofía analítica ha estado investigando sus propias raíces. Esto ha dado lugar a una serie de investigaciones específicas sobre la aparición de algunos de los conceptos y teorías clave que han dado forma a su desarrollo. Como era de esperar, la investigación histórica del desarrollo de la lógica y los fundamentos de las matemáticas ha jugado un papel notable en este sentido. Entre las fascinantes ideas que arroja este estudio, se encuentra el hecho de que la denominada división analítico-continental debería relativizarse drásticamente. Filósofos como Husserl, que como fundador de la fenomenología se clasifica en el campo continental, resultó haber tenido un papel bastante importante en el desarrollo de la filosofía analítica. Por el contrario, alguien como Carnap resultó haber estado significativamente influenciado por la fenomenología husserliana. Por supuesto, esta coincidencia de intereses y actitudes filosóficas se aprecia mejor en desarrollos concretos.

En este libro, Víctor Aranda hace justamente eso centrándose en la noción central de completud. Si bien otros académicos anteriores, incluido yo mismo, habían contribuido a la historia de la misma, no conozco ninguna obra que estudie el espectro completo del desarrollo histórico y conceptual de los diversos significados de la completud. Algunos académicos han estudiado extensamente la

Doppelvortrag de Husserl, otros se han fijado en los teóricos americanos de los postulados, y otros han estudiado la obra de Carnap. Uno de los mayores méritos de este libro reside en haber conectado los diversos hilos en una narrativa ricamente tejida que explica y articula el trabajo que condujo al desarrollo de las diferentes nociones de completud heredadas por la lógica contemporánea. Además, lo realiza al mismo tiempo que impulsa aspectos específicos del debate. Me refiero, concretamente, a las partes relativas a la interpretación de la *Doppelvortrag* de Husserl que se relacionan con las *Untersuchungen zur allgemeinen Axiomatik* de Carnap. La bibliografía en sí es impresionante y supondrá un gran recurso para cualquiera que pretenda trabajar en este tema.

Los diversos conceptos de completud surgen de una comprensión difusa, informal e intuitiva, donde diferentes nociones son todavía confundidas e indiferenciadas, y solo con el tiempo se distinguen, precisan y eventualmente formalizan. Por esta razón, el trabajo con las fuentes históricas requiere tanto sensibilidad histórica como destreza formal y agudeza filosófica. Víctor Aranda demuestra con éxito estas virtudes en los seis capítulos que componen el libro, donde aborda figuras tan dispares como Husserl, Hilbert, Veblen, Tarski, Gödel o Carnap. Esto representa un logro importante, ya que el material es complejo y las cuestiones sutiles.

Paolo Mancosu
Willis S. and Marion Slusser Professor of Philosophy
U.C. Berkeley

Introducción

En lógica, la completud indica tanto maximalidad como suficiencia. Por un lado, es la propiedad de las teorías tan fuertes que
prueban o refutan cualquier sentencia de su lenguaje. Por otro lado,
la completud es una propiedad de las lógicas cuya relación de deducibilidad coincide con la de consecuencia lógica. A principios de
la década de 1930, estas propiedades fueron claramente delimitadas
por Gödel y Tarski. Sin embargo, hasta unos pocos años antes, el
significado del término "completud" era bastante más ambiguo.

Fraenkel (1928) y Carnap (2000) intentaron resolver esta am-
bigüedad y distinguieron tres nociones de completud: categoricidad,
no bifurcabilidad y decidibilidad. En este sentido, Carnap afirmaba
haber demostrado la equivalencia de estas tres nociones. Su estudio
es esencial para entender la historia del concepto (o los conceptos) de completud. Recientemente, basándose en los ensayos de Hill
(1995) y Majer (1997), Da Silva (2016), Hartimo (2018) y Centrone (2010) defienden el papel de Husserl en el desarrollo de esta
historia. Ellos argumentan que las nociones de "teoría relativamente definida" y "teoría absolutamente definida", que se introducen
para solucionar los problemas asociados a la ampliación de nuestros
sistemas numéricos, pueden interpretarse como "teoría completa"
(Da Silva) o "teoría categórica" (Hartimo).

Su revisión del trabajo de Husserl está basada en un ciclo de conferencias que impartió en 1901 en Gotinga y que hoy conocemos como *Doppelvortrag*. En 1901, la completud era vista primeramente como una propiedad de los modelos, no de las teorías, cuyo universo no puede ser extendido (en particular, del cuerpo ordenado de números reales). Además, faltaban diez años para la publicación de los *Principia Mathematica*, por lo que su noción de "inferencia" era puramente informal. Por tanto, desde un punto de vista histórico, las interpretaciones de Da Silva, Hartimo y Centrone son, quizá, demasiado fuertes.

La tesis de este libro es que las intuiciones que subyacen a las ideas de categoricidad, no bifurcabilidad y decidibilidad también están detrás del concepto de "teoría absolutamente definida" de Husserl. Es decir, una teoría absolutamente definida tiene un único modelo, no admite proposiciones independientes y decide la verdad o falsedad de cualquier proposición que se formule en su lenguaje. Para apoyar dicha tesis, se ofrece evidencia textual de la *Doppelvortrag*, comparándose este texto con los trabajos de Huntington y de Veblen (parecidos a las investigaciones de Husserl, sus artículos fueron publicados a principios del siglo XX) y se muestra que Fraenkel y Carnap citaban a Husserl cuando explican el concepto de decidibilidad.

Por el contrario, si asumimos que una "teoría relativamente definida" sí admite proposiciones independientes, entonces una teoría que lo esté no puede ser ni categórica ni completa. Creo que analizar este concepto a la luz del de "teoría bifurcable" de Carnap nos permite comprender por qué la solución de Husserl al problema de los números ideales no es correcta: él pensaba que los axiomas para los naturales debían ser todos verdaderos en los sistemas numéricos más amplios.

Sin embargo, el presente libro no es solamente un estudio histórico. Da Silva, más interesado en un análisis conceptual, argumenta que solo un conjunto particular de expresiones se preservará en el paso desde los naturales a los enteros, racionales, reales y complejos. Las expresiones que no se preservan implican un dominio más amplio, o sea, contienen términos no denotativos. Defenderé que un enfoque parcial de los mismos es más natural que el resto de alternativas. Una lógica libre puede ayudarnos a formalizar algunas de las intuiciones planteadas por Husserl, por ejemplo su concepto de "axiomas existenciales", que no ha sido especialmente enfatizado por los estudiosos de su obra.

Finalmente, comparo el trabajo de Carnap con los de Tarski y Gödel, señalando las razones que llevaron a Carnap a abandonar su proyecto metalógico. Como decía Tarski, las nociones de completud (categoricidad, no bifurcabilidad y decidibilidad) son relativas a la lógica que uno adopte. Así, aunque en lógica de primer orden coinciden, en segundo orden esto no es cierto. No obstante, gracias a los significados no estándar, es decir, gracias a la semántica de modelos generales de Henkin, podemos recuperar el delicado equilibrio entre cálculos y modelos.

Este libro se divide en seis capítulos. En el primero, explico en qué consiste el problema de los números ideales y cómo se relaciona con el Principio de Permanencia, cuyos fundamentos lógicos Husserl trataba de clarificar. Después, presento los conceptos de "teoría" y "dominio" que están en la *Doppelvortrag*, mostrando que el dominio de una teoría es el modelo deseado de la misma. Por último, expongo de qué manera Husserl justifica el hecho de que $7 + 5 = 12$ y no 12,001 cuando enriquecemos los naturales con los negativos, los irracionales, etc. Esto es, discuto por qué la adición de estos números no produce una contradicción. En lo que respecta a Carnap, en el primer capítulo enmarco su tesis de la equivalencia de

las tres nociones de completud, citadas antes, en un proyecto metalógico de corte logicista. Debido a ello, introduzco su teoría simple
de tipos y la forma en que define los conceptos fundamentales de
"consecuencia", "función proposicional" y "modelo".

En el segundo capítulo, trato de anticipar una posible objeción
a mi tesis principal. Si, en 1901, la completud era una propiedad
de los modelos y no de las teorías, ¿podemos realmente decir que
la noción de teoría "absolutamente definida" contiene *in nuce* los
tres sentidos de completud distinguidos, casi tres décadas después,
por Fraenkel y Carnap? Esto podría ser respondido por las razones
de acuerdo con las cuales Zach (1999) explicaba el paso de la completud de los modelos a la completud de las teorías en la obra de
Hilbert. Como es obvio, el axioma de completud se estudia en este
capítulo. Para Husserl, una esfera de objetos "sin huecos", o sea, los
números reales, está absolutamente definida. Por tanto, hay teorías
absolutamente definidas y dominios absolutamente definidos. Similarmente, la compacidad es una propiedad metalógica que también
lo es de ciertas entidades matemáticas. Además, comento la así llamada completud "casi-empírica" en el trabajo de Hilbert y en la
Doppelvortrag.

El tercer capítulo ofrece la evidencia textual que sustenta esta
investigación. Primero, discuto en qué medida una teoría "absolutamente definida" es categórica. Considero que solo puede serlo en el
sentido intuitivo de tener un único modelo, pues Husserl no plantea
ninguna noción de isomorfismo en la *Doppelvortrag*. A continuación, discuto en qué medida una teoría "absolutamente definida"
es no bifurcable. Esto es relativamente obvio, porque, de acuerdo con Husserl, mientras que las teorías relativamente definidas sí
admiten proposiciones independientes, las que lo están absolutamente no pueden ser extendidas. Veblen llama a las teorías que

son compatibles con la verdad y la falsedad de ciertas proposiciones de su lenguaje "disyuntivas". En términos de Fraenkel, estas teorías se denominan "incompletas". Luego, discuto en qué medida una teoría "absolutamente definida" es decidible. El argumento de que una teoría tal es sintácticamente completa parece muy implausible, porque no hay una noción formal de "deducibilidad" en la *Doppelvortrag*. Más bien, parece que el razonamiento de Husserl es semántico: si la teoría tiene un único "dominio", entonces toda proposición de su lenguaje será verdadera o falsa en ese dominio.

En el cuarto capítulo, analizo la noción de "teoría relativamente definida" a la luz de la de "teoría bifurcable". Este análisis muestra que la solución de Husserl al problema de los números ideales no funciona, ya que él asume que la transición "hacia lo ideal" es la unión de los axiomas para los naturales y un conjunto de proposiciones independientes. Esto contradice las lecturas de Centrone y Hartimo: una teoría que sea bifurcable no puede ser ni completa ni categórica. Además de esta crítica, en este capítulo se discuten otros aspectos de sus artículos que, en mi opinión, no son del todo convincentes. Así, rechazo la tesis (atribuida a Husserl por Centrone) de que la extensión de una teoría de un sistema numérico a la de otro más amplio debe ser conservativa. También rechazo la tesis de Hartimo de que las teorías relativa y absolutamente definidas son ambas teorías categóricas. Por último, argumento que en la *Doppelvortrag* podemos encontrar un concepto informal de "inmersión", lo cual es coherente con la construcción de los números.

En el quinto capítulo, discuto la interpretación de Da Silva de la solución de Husserl al problema de los números ideales y me pregunto cómo podría fortalecerse esta solución. En tanto que la idea de Da Silva de "dominio apofántico" separa las sentencias en las que contienen términos no denotativos y las que no, utilizo un texto de

Farmer (1990) para evaluar la interpretación de Da Silva. De este modo, discuto si la relativización de los cuantificadores que sugiere Da Silva se enmarca en una perspectiva multivariada o en una de "valores no existentes", analizando su plausibilidad desde un punto de vista lógico y filosófico. Sostengo que un enfoque parcial para los términos no denotativos encaja bien con el de la *Doppelvortrag*, y que una lógica libre (con semántica negativa) nos permite capturar las intuiciones de Husserl. De hecho, si consideramos que los axiomas existenciales se preservan den la transición hacia lo ideal, entonces la solución de Husserl sí funciona. Es un hecho básico de la Teoría de Modelos que las sentencias existenciales se preservan bajo extensión y expansión (no así las universales).

En el sexto y último capítulo, comparo algunos artículos de Tarski y la tesis doctoral de Gödel con las nociones principales de esta investigación: la categoricidad, la no bifurcabilidad y la decidibilidad. El "sistema formal" adoptado por Tarski y Gödel también fue adoptado por Carnap (la teoría simple de tipos), aunque resulta curioso que ellos incluyeran, como parte de la lógica, los axiomas de infinitud y elección. Tarski y Gödel advirtieron a Carnap de las fallas de su proyecto metalógico. No en vano, Tarski da una formulación precisa al teorema de que toda teoría categórica es no bifurcable y muestra que su conversa no se tiene en general. Por otro lado, Gödel afirmó que el supuesto de Carnap de que todo conjunto consistente de fórmulas de la teoría de tipos tiene un modelo asume que no existen teorías categóricas e incompletas (escritas, por supuesto, en ese lenguaje). En este último capítulo, intento explicar por qué, considerando la tesis doctoral de Henkin y su justificación de los modelos generales.

Capítulo 1

Husserl y Carnap, proyectos inacabados: números ideales y completud

1.1. Introducción

La completud es, junto con la consistencia, la propiedad más importante que podemos atribuir a nuestros sistemas formales. Las pruebas de completud e incompletud de Gödel están, de hecho, entre los resultados más célebres de la lógica contemporánea[1]. A pesar de ello, el término "completud" es también uno de los más ambiguos de la disciplina. Como recogen Mosterín y Torretti (2002), es crucial distinguir entre la completud *de una teoría* y la completud *de un cálculo*:

---

[1] "Gödel (1931) was undoubtedly the most exciting and the most cited article in mathematical logic and foundations to appear in the first eighty years of this century" (Kleene, 1986, p. 126).

Definición 1 (Completud de una teoría). Una teoría Γ es completa syss para toda sentencia φ de su lenguaje, φ o $\neg\varphi$ se deduce de Γ. En símbolos: $\Gamma \vdash \varphi$ o $\Gamma \vdash \neg\varphi$.

Definición 2 (Completud débil del cálculo). Un cálculo es débilmente completo syss toda fórmula válida es un teorema lógico. En símbolos: $\models \beta \Rightarrow \vdash \beta$.

Definición 3 (Completud fuerte del cálculo). Un cálculo es fuertemente completo syss, para cualesquiera sentencias $\alpha_1, ..., \alpha_n$ y β, si β es una consecuencia lógica de $\alpha_1, ..., \alpha_n$, entonces β se deduce de $\alpha_1, ..., \alpha_n$. En símbolos: $\alpha_1, ..., \alpha_n \models \beta \Rightarrow \alpha_1, ..., \alpha_n \vdash \beta$.

Manzano y Alonso (2014) introducen, además, la completud *de una lógica* como una manera de referirse a la complejidad computacional del conjunto de fórmulas válidas:

Definición 4 (Completud de una lógica). Una lógica es completa syss el conjunto de sus fórmulas válidas es recursivamente numerable.

La historia de estas nociones de completud ha sido extensamente tratada en la literatura especializada de las últimas dos décadas. Manzano y Alonso (2014), por ejemplo, argumentan que el concepto de completud de un cálculo nació como una generalización del de completud de una teoría. La noción de completud de una teoría, por otro lado, suele estar vinculada a figuras como Bernays y Hilbert, Post o el propio Gödel, pero también a los así llamados "teóricos americanos de los postulados"[2], Huntington y Veblen, y al concepto de categoricidad. A este respecto, destacan, entre otros, Moore (1997), Read (1997), Zach (1999), Awodey y Reck (2002a) y Scanlan (2003).

---

[2] *Cf.* Corcoran (1980b).

Sin embargo, autores como Majer (1997) y Centrone (2010) coinciden en señalar que, en lo que respecta al desarrollo histórico de la idea de una *teoría completa*, las aportaciones de Husserl han sido sistemáticamente olvidadas[3]. Curiosamente, Centrone habla del artículo de Awodey y Reck (2002a), pero se lamenta de que no discutan las nociones de "teoría absolutamente definida" y "teoría relativamente definida" de Husserl. "It is a pity that Husserl's notions of 'definiteness' are not mentioned at all" (Centrone, 2010, p. 168).

Debido a ello, desde la publicación de Majer (1997) –y, desde luego, de Hill (1995)- hay un candente debate en torno a cuál es la interpretación más adecuada de ambos conceptos. Una teoría "absolutamente definida" es, para Da Silva (2000) y Da Silva (2016), una teoría completa (*Cf.* Def. 1), mientras que según Hartimo (2007), Hartimo (2018) y Centrone (2010) se trata de una teoría categórica[4].

Por otra parte, una teoría "relativamente definida" es una teoría completa para Centrone (2010), un caso particular de teoría completa según Da Silva (2000) y Da Silva (2016) y una teoría categórica en opinión de Hartimo (2007) y Hartimo (2018). Convendría recordar, no obstante, que estas dos nociones se acuñaron en 1901, nueve años antes de la aparición del primer volumen de los *Principia Mathematica*[5]. En ese momento, los matemáticos no disponían de un lenguaje formal (ya que la *Conceptografía* de Frege (1879) pasó mucho tiempo desapercibida) que facilitara la delimitación rigurosa del

---

[3] "I will focus your attention on a particular piece of Husserl's work, which has been dreadfully neglected. What I have in mind is Husserl's so called 'Doppelvortrag', a pair of lectures that he presented before the Mathematical Society in Göttingen in the winterterm 1901" (Majer, 1997, p. 37).

[4] Una teoría Γ es categórica syss, para cada par de modelos $\mathfrak{R}$ y $\mathfrak{S}$ de Γ, $\mathfrak{R}$ y $\mathfrak{S}$ son isomorfos.

[5] *Cf.* Whitehead y Russell (1910).

concepto de teoría formalizada. Por esta razón, la atribución de las
nociones metalógicas de completud (de una teoría) y categoricidad
a Husserl debe ser tomada con cierta cautela.

Mi propuesta es, en cambio, que la idea de una "teoría absolutamente definida" contiene, *in nuce*, tres significados diferentes que
en la década de 1920 fueron identificados por Fraenkel y Carnap
como tres formas alternativas de decir que una teoría es completa (naturalmente, aquí "completa" significa algo más amplio que
la Def. 1). Puesto que Carnap pensaba que estos tres sentidos de
completud debían ser equivalentes, creo que leer a Husserl a la luz
de Carnap aclarará en qué medida el concepto de "teoría relativamente definida" es útil para resolver el problema que Husserl tenía
entre manos.

Así pues, en este capítulo explico cuál es ese problema y trato de
presentar el marco conceptual desde el cual Husserl lo abordaba.
Por otro lado, también introduzco el contexto en el que Carnap
realizó sus tempranas investigaciones metalógicas, mostrando en
qué consiste su tesis de la equivalencia entre los tres sentidos de
completud que veremos, informalmente descritos, en Husserl.

1.2.   Husserl, filósofo de la aritmética

1.2.1.   La *Doppelvortrag* y el Principio de Per-
manencia

Las nociones de teoría relativa y absolutamente definida apare-
cieron por primera vez en dos conferencias, pronunciadas para la
Sociedad Matemática de Gotinga en 1901. Husserl participó en esta
Sociedad invitado por Klein y Hilbert, su principal valedor dentro
de la Universidad de Gotinga. Es más, parece ser que la amistad

entre ambos duraría hasta el final de sus vidas[6]. El tema de estas dos conferencias, comúnmente conocidas como *Doppelvortrag*, es de interés tanto para filósofos como para matemáticos: la construcción de los números.

Casi treinta años después de la *Doppelvortrag*, Husserl (1969)[7] cuenta que la idea de una "teoría definida" fue desarrollada originalmente con el objetivo de clarificar el Principio de Permanencia de las leyes formales, que él atribuye a Hankel (1867) y cuyos fundamentos lógicos pone en seria duda. En realidad, y a pesar de esa cita de Husserl, el Principio de Permanencia fue introducido por Peacock en su *Treatise of Algebra* de 1830 (*Cf.* Kleiner, 2007, p. 13). El Principio trataba de justificar reglas como $(-1)(-1) = 1$ que utilizamos para operar con números negativos y que Peacock consideraba parte del "álgebra simbólica"[8] (es decir, de las leyes que regulan las operaciones entre números no naturales). Por tanto, el concepto de "teoría definida", en tanto que busca clarificar el Principio de Permanencia, es también un modo de justificar dichas operaciones.

La naturaleza de los números no naturales fue un asunto controvertido al menos desde finales del siglo XVII. Así, Newton caracterizaba los números negativos como cantidades que eran "menos que nada" y Leibniz se refería a los complejos como "anfibios entre el ser y el no ser" (*Cf.* Kleiner, 2007, p. 13). Este punto de vista es, justamente, el de Kronecker ("Dios creó los números naturales, pero todo lo demás es invención del hombre"[9]). Análogamente, Husserl

---

[6]Hartimo (2017, pp. 245-246) explica con detalle la amistad entre Husserl y Hilbert.

[7]Husserl (1969) es la traducción inglesa de *Formale und transzendentale Logik*, de 1929.

[8]Para una discusión más exhaustiva en torno a la distinción de Peacock entre "álgebra aritmética" y "álgebra simbólica", *Cf.* Hodges (2006, pp. 37-39).

[9]La "contienda" entre el pre-formalista Dedekind y el pre-intuicionista Kro-

argumentaba que los números genuinos eran los naturales, mientras que el resto pertenece a lo que él llama *"das Imaginäre"*:

> Here I of course take the term "imaginary" in the widest possible sense, according to which also the negative, indeed even the fraction, the irrational number, and so forth, can be regarded as imaginary (Husserl, 2003, p. 412)[10].

Aunque normalmente la palabra alemana *"imaginär"* se traduce como "imaginary" en los estudios sobre Husserl, en este trabajo se ha optado por la expresión "números ideales" para hacer referencia a todo número no natural, puesto que "números imaginarios" podría malinterpretarse al confundirse con los complejos (*Cf.* Glosario: número ideal). En este sentido, la *Doppelvortrag* de Husserl trata de la "transición hacia lo ideal", esto es, de la forma en que afecta a nuestros cálculos que construyamos los números a partir de entidades que, en el fondo, son puramente ideales.

Para Husserl, la construcción de los números debe respetar las operaciones que ya están definidas sobre los naturales, de tal modo que, si $7 + 5 = 12$, la suma de 7 y 5 seguirá siendo 12 cuando incluyamos a los números negativos, a los racionales e irracionales y a los complejos. Hoy diríamos que $7 + 5 = 12$ cuando tomamos los enteros positivos y negativos porque $7_{\mathbb{Z}}$ (o sea, la clase de equivalencia de $\mathbb{N} \times \mathbb{N}/ \sim$ que corresponde al número 7) sumado a $5_{\mathbb{Z}}$ (la clase de equivalencia de $\mathbb{N} \times \mathbb{N}/ \sim$ que corresponde al 5) da como resultado $12_{\mathbb{Z}}$ (la clase de equivalencia de $\mathbb{N} \times \mathbb{N}/ \sim$ que corresponde al 12). De hecho, 7, 5 y 12 pasarán a ser clases de equivalencia de $\mathbb{Z} \times \mathbb{Z}^*/ \sim$ si consideramos los racionales, cortaduras de Dedekind si

---

necker puede consultarse en Kleiner (2007, p. 68).

[10]Husserl (2003) es la traducción al inglés de Husserl (1970), conocida como *Husserliana XII*. Incluye textos de filosofía de la aritmética que escribió durante el periodo 1890-1901.

tomamos también los reales y pares ordenados de $\mathbb{R} \times \mathbb{R}$ si hablamos de los complejos.

Pero, en el contexto de la *Doppelvortrag*, esta solución no está en absoluto presente. De ahí que la pregunta principal de la misma sea: ¿bajo qué condiciones podemos ir más allá de los naturales sin obtener resultados contradictorios? O, en otras palabras, ¿qué garantiza que la suma de 7 y 5 será 12 y no otra cosa cuando tengamos en cuenta números ideales? La respuesta de Husserl, correcta o no, es bastante clara. "If the [axiom]systems are 'definite', then calculating with imaginary concepts can never lead to contradictions" (Husserl, 1969, p. 97). Ahora bien, antes de discutir el concepto de "sistema de axiomas definido" o, sencillamente, de "teoría definida", convendría detenerse en la propia noción de "teoría" en la *Doppelvortrag*, así como en otros conceptos relacionados.

1.2.2. Los conceptos de "teoría" y "dominio" en Husserl

Husserl creía que, si hiciéramos abstracción del contenido de las distintas teorías particulares, obtendríamos una "teoría formal" que es común a todas ellas. Esta teoría formal es una "pura teoría de teorías" o "forma de teorías" (Husserl, 2003, p. 410). Es, en definitiva, una *mathesis universalis*[11] sobre la que hacer matemáticas. En consecuencia, es natural que Husserl pensara que las teorías están constituidas por cierto número de "proposiciones formales" (*Cf.* Glosario: teoría), donde las más básicas son, por supuesto, los axiomas: "A systematically elaborated theory in this sense is defined

---

[11]El ideal de una *mathesis universalis*, cuya consecución estaba según Husserl cada vez más cerca, proviene de Descartes y Leibniz. Para una comparación entre Husserl y Leibniz, *Cf.* Centrone y Da Silva (2017).

by a totality of formal axioms, i.e., by a limited number of purely formal basic propositions, mutually consistent and independent of one another" (Husserl, 2003, p. 410).

Es importante destacar, además, que según Husserl no todas las teorías pueden ser objeto de estudio. Por el contrario, solo lo son aquellas que tienen un dominio[12] (o, por decirlo de otro modo, aquellas que axiomatizan una estructura). Las similitudes con la noción contemporánea de *modelo deseado* ("intended model") de una teoría son evidentes, pues el modelo deseado es la estructura particular para la que, en un principio, se proponen los axiomas. Por tanto, las teorías que tienen un dominio son las que tienen un modelo deseado (están "ancladas", digamos, a una estructura). En la *Doppelvortrag*, esta idea del "dominio de una teoría" se expresa de formas diferentes. La más habitual es quizá mediante el propio término "dominio" (*"Gebiet"*), pero también encontramos expresiones como "dominio de objetos" (*"Objektgebiet"*) o "variedad" (*"Mannigfaltigkeit"*)[13].

La principal razón para preferir la palabra "dominio" frente a "variedad" es que la segunda es, en matemáticas, el objeto geométrico que generaliza la noción de curva, y es claro que Husserl quería decir algo bastante más ambiguo. A pesar de ello, la intuición es la misma: una teoría define un dominio o una variedad siempre que axiomatice una "esfera de objetos" $\mathfrak{A}$ (*"Sphäre von Objekten"*). Es decir, una teoría Γ tiene un dominio syss existe una estructura $\mathfrak{A}$ tal que $\mathfrak{A} = Mod(\Gamma)$. Por tanto, entenderé que "esfera de obje-

---

[12] "We restrict ourselves to axiom systems that have a domain. (Why not directly: to totalities of objects which satisfy the axiom system?)" (Husserl, 2003, pp. 437-38).

[13] Es posible que Husserl tomara los términos *"Gebiet"* y *"Mannigfaltigkeit"* de Schröder (1890). Sabemos, de hecho, que hizo una reseña de esa obra. *Cf.* Husserl (1891).

tos" es sinónimo de "estructura" y que "dominio de una teoría" lo
es de "modelo deseado" (*Cf.* Glosario: dominio. Para referirme del
dominio de una estructura, usaré el término "universo"):

> The object domain is defined through the axioms in
> the sense that it is delimited as a certain sphere of ob-
> jects in general, irrespective of whether real or Ideal, for
> which basic propositions of such and such forms hold
> true (Husserl, 2003, p. 410).

Que un grupo de proposiciones básicas sean verdaderas para
cierta esfera de objetos implica que ese grupo de proposiciones está
describiendo esa esfera de objetos. Hodges (1985) ha mostrado que
este pensamiento era muy común a finales del siglo XIX y principios
del XX. Algebristas y geómetras estaban acostumbrados a estudiar
"estructuras"[14] que eran clasificadas en función de las leyes que
satisfacían. En lugar de estructuras, ellos hablaban más bien de
"sistema de cosas" (*"Systeme von Dingen"*), lo cual resulta *prima
facie* muy similar a la noción husserliana de "esfera de objetos".
Es más, Corcoran (1980a) defiende que, en el paso del siglo XIX
al XX, se distinguía perfectamente entre los llamados "sistemas
matemáticos" y sus axiomatizaciones. Las axiomatizaciones eran
vistas como un grupo de proposiciones sobre dichos sistemas.

Mancosu y cols. (2009) sostienen, además, que la idea de una
proposición verdadera en un "sistema de cosas" o "sistema matemático" no era para nada infrecuente en esa época. Aunque fue
Skolem (1933) el primero en utilizar la expresión "φ es verdadero
en $\mathfrak{A}$"[15], matemáticos como Padoa (1901) y otros miembros de la

---

[14] "As for 'structure', it is not used in the twenties as an equivalent of 'mathematical system'. Rather, mathematical systems have structure" (Mancosu,
2010, p. 100).

[15] *Cf.* Hodges (1985, p. 136).

escuela de Peano ya hablaban de que un sistema matemático *verifica* una proposición φ. De igual modo, la caracterización de los axiomas como "postulados" (o sea, como meras condiciones que el sistema podía o no cumplir) facilitó que estos se percibieran como susceptibles de ser verdaderos en un sistema[16]. El propio Husserl argumentaba que los axiomas establecían, formalmente, relaciones que son verdaderas en el dominio de la teoría:

> In the axioms of an operational domain certain basic relations are formally established. Certain laws are formally fixed which characterize the operations [...] Laws are established which characterize certain kinds of relation that hold true (Husserl, 2003, p. 450).

En definitiva, parece bastante plausible pensar que Husserl entendía por "dominio de la teoría" su modelo deseado. Inversamente, por teoría puede entenderse el grupo de proposiciones que describe la estructura (o sea, la "esfera de objetos") donde estas son verdaderas. Como es obvio, en tal caso el significado de "teoría" está más cerca del de *teoría de una estructura* ($Th(\mathfrak{A}) = \{\varphi \in Sent(L) \mid\models_{\mathfrak{A}} \varphi\}$) que de la idea, puramente sintáctica, de una totalidad de proposiciones formales. Estas distinciones serán muy pertinentes más adelante.

1.2.3. El problema de los números ideales

Lo primero que hay que señalar sobre el problema de los números ideales es que Husserl generaliza el concepto de número ideal a través de la noción de "objeto ideal" (*Cf.* Glosario: objeto ideal).

---

[16] "From this point of view our work becomes, in reality, much more general than a study of the system of numbers; it is a study of any system which satisfies the conditions laid down in the general laws" (Huntington, 1906, p. 3).

Dada una teoría Γ, un objeto es ideal para Γ si no pertenece a su dominio:

> Object domain of Γ (defined by means of Γ). Object domain of Γ^* (defined by means of Γ^*).
>
> Imaginary objects = objects which do not occur in Γ, are not defined there, are not established by means of the axioms and existential definitions of Γ, so that, therefore, if we regard Γ as the axiom system of a domain which has no other axioms –and thus also no other objects- those objects are in fact "impossible" (Husserl, 2003, p. 433).

Así, los números negativos $\ldots - 3, -2, -1$ son números ideales y, al mismo tiempo, objetos ideales desde el punto de vista de la aritmética de Peano de segundo orden[17] (en adelante, $\mathbf{PA}^2$). Como es bien sabido, todos los modelos de $\mathbf{PA}^2$ son isomorfos a $\mathfrak{N} = \langle \mathbb{N}, 0, S \rangle$, y es fácil ver que en el universo de $\mathfrak{N}$ no están los números negativos (es más, la resta tampoco está definida sobre el mismo). Por tanto, los números negativos son objetos ideales ("imposibles") para $\mathbf{PA}^2$. En términos de Husserl, los enteros negativos no están en la esfera de objetos que verifica los axiomas de $\mathbf{PA}^2$ (esto es, en su dominio).

Llegados a este punto, es necesaria una breve reflexión sobre la distinción entre el modelo deseado de una teoría y lo que llamamos *clase de modelos* de una teoría. Como vimos, el modelo deseado es la estructura particular para la que, en un principio, se proponen los axiomas. En cambio, la clase de modelos es el conjunto de estructuras que los satisfacen. De esta manera, una teoría Γ puede axiomatizar una estructura particular, $\mathfrak{A}$, o una clase de estructuras

---

[17]Por *aritmética de Peano de segundo orden* entiendo $\mathrm{CON}(\Pi) = \{\varphi \in \mathrm{SENT}(\mathcal{L}_2) \mid \Pi \models \varphi\}$, donde Π serán $\forall x(\sigma(x) \neq 0)$, $\forall xy(\sigma(x) = \sigma(y) \rightarrow x = y)$ y $\forall X(X(c) \wedge \forall z(X(z) \rightarrow X(\sigma(z)))) \rightarrow \forall x X(x))$.

$\mathfrak{K}$ (por tanto, la *teoría de una clase de estructuras* se define como $Th(\mathfrak{K}) = \{\varphi \in Sent(L) \mid\models_{\mathfrak{A}} \varphi, \text{para todo } \mathfrak{A} \in \mathfrak{K}\}$). En este sentido, $\mathbf{PA}^2$ no presenta ninguna complicación, puesto que la clase de sus modelos se reduce a $\mathfrak{N}$ que, a su vez, puede considerarse su modelo deseado. De ahí que, para $\mathbf{PA}^2$, todo objeto que no esté en el universo de $\mathfrak{N}$ sea ideal.

Pero, ¿qué será un objeto ideal para una teoría cuya clase de modelos no se reduzca a una sola? Supongamos que Γ es la teoría de los órdenes lineales. Un modelo de Γ es, por ejemplo, el conjunto $A = \{1, 2, 3, 4, 5\}$ ordenado por la relación $\leq$. Uno podría pensar que el número 6 es un objeto ideal para Γ, lo cual es falso, pues $A' = \{1, 2, 3, 4, 5, 6\}$ ordenado por la relación $\leq$ también es modelo de Γ. De hecho, lo mismo sucede con $\mathfrak{A} = \langle\mathbb{N}, \leq\rangle$. Sin embargo, la clave está en la diferencia entre $\mathfrak{A} = \langle\mathbb{N}, \leq\rangle$ y $\mathfrak{B} = \langle\mathbb{Q}, \leq\rangle$. Aunque es verdad que $\mathbb{Q}$ ordenado por la relación $\leq$ es un orden lineal, no lo es que $\Gamma = Th(\mathfrak{B})$. Es decir, hay sentencias verdaderas en $\mathfrak{B}$ que no están en Γ. El ejemplo más inmediato son las condiciones que establecen que $\mathfrak{B}$ es un orden lineal *denso*. ¿Es, pues, $\frac{1}{2}$ un objeto ideal para Γ? La respuesta es que sí, puesto que para caracterizar la esfera de objetos a la que pertenece no basta con Γ.

De este modo, la expansión del dominio de una teoría Γ se llevará a cabo mediante la adición de nuevos axiomas, de forma que algunos objetos ideales para Γ no lo sean para Γ^*[18]. Husserl consideraba, además, que en esos casos $Mod(\Gamma) \sqsubset Mod(\Gamma^*)$:

> The ground for this terminology resides in the fact that we can compare two axiom systems of this kind with each other with respect to domain, that we can perhaps prove that the domain of the one is contained in that

---

[18]"An axiom system can delimit a sphere of existence and leave open a vague, broader sphere" (Husserl, 2003, p. 437).

of the other, and that we therefore can speak of the expansion or the contraction of the domain (Husserl, 2003, p. 421).

In this way it can always be capable of further expansion. Namely, in such a way that it indeed introduces new axioms, and in return allows old ones to drop away, but that the new axiom system defines a domain which includes the old domain and, consequently, in a certain way, also has all the old axioms in itself (Husserl, 2003, p. 426).

System of objects, manifold.

Extended manifold. Its axiom system either larger or logically more inclusive (Husserl, 2003, p. 437).

En los apéndices de la *Doppelvortrag*, Husserl explica un poco más lo que entiende por "expansión" de un dominio. En su opinión, la expansión de un dominio contiene los elementos del dominio original *más* otros elementos, de tal manera que el dominio original es una "parte" del expandido. Pero, para Husserl, que sea una parte significa que la expansión contiene una copia suya, es decir, que haya una *inmersión* ("embedding") desde el dominio original[19] hacia el expandido. Si pensamos en la construcción de los números, es obvio que esta condición de Husserl es coherente con el hecho de que el anillo de los enteros contenga una subestructura que es isomorfa a los números naturales, o que el cuerpo de los números racionales incluya una subestructura isomorfa a los enteros, etc. Esta jerarquía se representa como $\mathbb{N} \subset \mathbb{Z} \subset \mathbb{Q} \subset \mathbb{R} \subset \mathbb{C}$, lo cual es, si hablamos de estructuras y no de conjuntos, un abuso de notación.

---

[19] "$\mathfrak{M}_E$ is to be an expansion of $\mathfrak{M}_0$. Thus $\mathfrak{M}_E$ consists of the elements of $\mathfrak{M}_0$ plus other elements. But that does not suffice. The $\mathfrak{M}_0$ must be a part of $\mathfrak{M}_E$. $\mathfrak{M}_E$ has a part that falls under the concept $\mathfrak{M}_0$. But that too is not sufficient. The expansion to $\mathfrak{M}_E$ must not disturb $\mathfrak{M}_0$ as that which it is, and above all must not specialize it" (Husserl, 2003, p. 454).

Naturalmente, la noción de "expansión" de un dominio está directamente relacionada con los problemas asociados al Principio de Permanencia. Pues, si Γ es ahora la teoría de $\mathfrak{N}' = \langle \mathbb{N}, 0, S, +, \cdot \rangle$, ¿qué garantiza que la sentencia $7 + 5 = 12$ está en Γ^* cuando el dominio de Γ^* contiene objetos ideales para Γ (o sea, objetos que no están en el universo de $\mathfrak{N}'$ como los números negativos, irracionales, etc.)? En 1929, Husserl vincula explícitamente ambas cuestiones:

> When can one be sure that deductions that involve such an operating, but yield propositions free from the imaginary, are indeed "correct"? [...] How far does the possibility extend of "enlarging" a "multiplicity", a well-defined deductive system, to make a new one that contains the old one as a "part"? (Husserl, 1969, p. 97).

Como se advierte, Husserl está introduciendo el concepto de "deducción". Algunas deducciones involucran operaciones entre números que son, de hecho, correctas. Una proposición como $7 + 5 = 12$ es "correcta" syss su verdad se deduce necesariamente de los conceptos de 7, 5 y 12 y de la definición de la suma[20]. Por tanto, si Γ es, de nuevo, la teoría de $\mathfrak{N}'$, entonces $7 + 5 = 12$ es correcta si se deduce de los axiomas de Γ. En consecuencia, el problema de los números ideales puede formularse en clave "semántica" (¿qué garantiza que la esfera de los enteros, racionales, reales o complejos *verifican* proposiciones como $7 + 5 = 12$?) o más bien "sintáctica" (¿qué garantiza que proposiciones como $7 + 5 = 12$, correctas a partir de los axiomas de $Th(\mathfrak{N}')$, *son correctas* a partir de los axiomas de una teoría de los enteros, racionales, etc.)?

La tesis de la *Doppelvortrag* es que $7 + 5 = 12$ seguirá teniéndose en Γ^* porque tanto Γ como Γ^* están definidas. Que $7 + 5$ sea 12 y no

---

[20] "Given this, the proposition $7 + 5 = 12$ actually holds true, and, to be sure, as a proposition which one can prove to be necessarily true from the concepts 7, 5, 12 and the concept of addition" (Husserl, 2003, p. 194).

12,001 en Γ^* significa, para Husserl, que Γ^* preserva la consistencia de Γ:

(DV) Si Γ es una teoría consistente y Γ y Γ^* están definidas, entonces Γ^* es consistente.

En los próximos capítulos, esta tesis será matizada teniendo en cuenta la distinción entre teorías relativa y absolutamente definidas.

1.3. La metalógica de Carnap

1.3.1. Las *Untersuchungen* y el proyecto logicista

La tesis de la equivalencia entre tres sentidos diferentes de completud se encuentra en un manuscrito de 1927-29 que Carnap nunca publicó, cuyo título es *Untersuchungen zur allgemeinen Axiomatik*[21]. Este manuscrito revela que Carnap se embarcó en el proyecto de una "axiomática general" que, aunque es verdad que terminaría fracasando, fue el primer gran intento de construir una metalógica para el sistema de los *Principia Mathematica* en su conjunto. Una teoría axiomática "especial" será cualquier teoría axiomática particular (como la teoría de conjuntos, la geometría euclidiana, etc.), mientras que una teoría axiomática "general" es la que estudia las propiedades lógico-formales de las teorías axiomáticas especiales. Es el esquema de una teoría, la forma vacía de una posible teoría.

El objetivo de Carnap era sintetizar la concepción de la lógica de Frege y Russell y, al mismo tiempo, integrar el método axiomático

---

[21] *Cf.* Carnap (2000).

de Hilbert[22]. Por esa razón, en Carnap (2000) encontramos preguntas acerca de la consistencia y la completud del sistema de los *Principia*, así como algunas reflexiones sobre el *Entscheidungsproblem* (o sea, acerca de cuestiones que la escuela de Hilbert consideraría "metamatemáticas"). Los esfuerzos metalógicos de Carnap iban dirigidos a solucionar dos problemas del logicismo que estaban sobre la mesa en la década de 1920. El primero tenía que ver con el carácter *ad hoc* de los axiomas del infinito y de reducibilidad, pues parecían introducirse justo para poder deducir la matemática ordinaria y no porque fueran verdades lógicas[23]. El segundo, en cambio, planteaba si la caracterización de Wittgenstein (1921) de las proposiciones lógicas como tautologías podría extenderse más allá del fragmento proposicional. De este modo, el concepto de proposición verdadera "en virtud de su forma" quedaría rigurosamente delimitado.

Así pues, si estas dificultades se subsanaban, el logicismo se consolidaría de nuevo como una alternativa sólida al formalismo y al intuicionismo, siendo el sistema de los *Principia* la herramienta perfecta para la axiomatización de las ciencias (Carnap sentía especial predilección por la física). Para Boolos (1998, p. 272), sin embargo, el logicismo de Carnap era aún más radical que el de Russell. Aunque ambos compartían la tesis de que las proposiciones de la matemática pueden obtenerse a partir de un escaso número de

---

[22]Para una crítica de la idea preconcebida de que Carnap fue un mero divulgador de la lógica russelliana, *Cf.* Reck (2007, p. 181).

[23]En una carta a Henkin de 1963, Russell admitía que siempre había visto el axioma de reducibilidad como un parche. "Moreover, with the exception of the axiom of reducibility, which I always regarded as a makeshift, our other axioms all seemed to me luminously self-evident" (Russell, 1963, p. 592). Este axioma establecía que toda función proposicional es equivalente a una función predicativa, es decir, a una función proposicional cuyo orden es uno más que el orden de su argumento.

proposiciones lógicas, Carnap también habría defendido que los conceptos y las intuiciones matemáticas son, en el fondo, reducibles a conceptos e intuiciones lógicas[24]. No obstante, la tesis logicista de que las verdades matemáticas se derivan de verdades lógicas fue concretada por Carnap al afirmar que las primeras eran implicadas por la teoría simple de tipos (en adelante, $\mathcal{TT}$) y, dirá él, ciertos conceptos de la aritmética y la teoría de conjuntos. Carnap llama a esta teoría "*Grunddisziplin*".

Esta es la razón de que el primer teorema de incompletud de Gödel (1931) arruinara el proyecto metalógico de Carnap. Dicho teorema prueba, como es sabido, que toda teoría escrita en $\mathcal{TT}$ que contenga una cantidad moderada de aritmética generará enunciados indecidibles (esto es, enunciados tales que ni ellos ni su negación son implicados por los axiomas de la teoría). Es más, no es casual que el "marco" de Gödel (1931) sea la teoría simple de tipos y no la ramificada, ni tampoco que Carnap estuviera informado del teorema de incompletud antes de que Gödel lo anunciara en Königsberg[25]. El manuscrito de Carnap circulaba ya en 1927 entre sus amigos y colegas de Viena. Entre ellos se contaban Schlick, Härlen o el propio Gödel (Carnap también mantuvo correspondencia con Behmann y Fraenkel a propósito de estas investigaciones metalógicas). De ahí que Gödel (1931) sea, en parte, una respuesta a Carnap (*Cf.* Reck (2013)). En 1975, preguntado por cuándo y de qué forma empezó a interesarse por la completud, Gödel fue muy claro: 1928, a partir de Hilbert y Ackermann (1928) y de las lecciones de Carnap sobre

---

[24]Esta segunda pata del proyecto logicista ha sido nuevamente reivindicada a partir de Wright (1983) y Wright (1998), dando lugar a la aparición del "neo-logicismo". Para una discusión más reciente, *Cf.* Mancosu (2016).

[25]Me refiero a la famosa conferencia celebrada en Königsberg en septiembre de 1930. En ella, Gödel discutió con von Neumann su primer teorema de incompletud, pero todavía no había descubierto el segundo (de hecho, von Neumann llegaría, de forma independiente, a ese mismo resultado).

lógica matemática[26].

De hecho, uno de los teoremas centrales de Carnap (2000) fallará porque entra en contradicción con los resultados de Gödel. Carnap pensaba que había probado que todo conjunto consistente de fórmulas de $\mathcal{TT}$ tiene un modelo, lo cual, de ser cierto, implicaría que la lógica de segundo orden es completa. Sin embargo, no todo conjunto de fórmulas de $\mathcal{TT}$ libre de contradicciones (o sea, sintácticamente consistente) es satisfacible (es decir, semánticamente consistente). Considérese, por ejemplo, en el conjunto $\mathbf{PA}^2 \cup \{\neg g\}$, donde g es la fórmula de Gödel. Puesto que $\mathbf{PA}^2 \models g$, es obvio que $\mathfrak{N}$ es modelo tanto de $\mathbf{PA}^2$ como de g. Si $\mathbf{PA}^2 \cup \{\neg g\}$ fuera satisfacible, entonces habría un modelo que lo es de $\mathbf{PA}^2$ y de $\neg g$, lo cual es imposible porque $\mathfrak{N}$ es el único modelo de $\mathbf{PA}^2$ (es una teoría categórica). Ahora bien, ¿es $\mathbf{PA}^2 \cup \{\neg g\}$ un conjunto contradictorio? Para que lo fuera, debería contener también a g, esto es, g debería ser deducible a partir de $\mathbf{PA}^2$. Esto contradice el primer teorema de Gödel, ya que $\mathbf{PA}^2 \nvdash g$. Por tanto, $\mathbf{PA}^2 \cup \{\neg g\}$ es un conjunto insatisfacible donde no aparece contradicción alguna.

El otro teorema central de Carnap (2000) es el llamado *Gabelbarkeitssatz*. Este teorema es, de hecho, el que establece la equivalencia entre dos de los tres sentidos en los que una teoría escrita en $\mathcal{TT}$ puede considerarse "completa". En las próximas secciones, analizaré cuáles son estos sentidos de completud, pero antes es necesario explicar qué entendía Carnap por "teoría", así como introducir el marco lógico de $\mathcal{TT}$. Dentro del mismo, el concepto fundamental será el de "relación"[27].

---

[26]*Cf.* Gödel (2003, p. 447).

[27]"Auf das Gebiet der Logik, das sich mit „Relationen"befasst, müssen wir etwas naher eingehen, da die Relationen in unserer Theorie der allgemeinen Axiomatik als wichtigste Begriffe vorkommen" (Carnap, 2000, p. 65).

1.3.2. La teoría simple de tipos de Carnap

Para Carnap, las teorías axiomáticas están escritas en el lenguaje de $\mathcal{TT}$. Los elementos destacados, relaciones y funciones del modelo de una teoría no están representados por constantes no lógicas, sino por variables, del tipo y la aridad apropiada, $X_1, ..., X_n$. Por esta razón, las expresiones de una teoría axiomática son funciones proposicionales de la forma $f(X_1, ..., X_n)$ (son, pues, fórmulas abiertas). El concepto de "función proposicional" es definido en los *Principia* como sigue (*Cf.* Glosario: función proposicional):

> We may call the original proposition ϕa, and then the propositional function obtained by putting a variable x in the place of a will be called ϕx. Thus ϕx is a function of which the argument is x and the values are elementary propositions (Whitehead y Russell, 1910, p. xx).

Así pues, el resultado de reemplazar las variables predicativas $X_1, ..., X_n$ por las relaciones $R_1, ..., R_n$ en la función proposicional $f(X_1, ..., X_n)$ será una proposición, a saber: $f(R_1, ..., R_n)$. En tal caso, Carnap dirá que las relaciones $R_1, ..., R_n$ son valores admisibles (*"zülassige Werte"*) de $f(X_1, ..., X_n)$. Sea 0 el tipo de los individuos. Si los valores admisibles de $f(X_1, ..., X_n)$ consisten en relaciones cuya extensión es un conjunto de elementos (o sea, A), entonces diremos que su tipo es $\langle 0 \rangle$. Si su extensión es más bien un conjunto de pares ordenados (esto es, $A \times A$), entonces diremos que su tipo es $\langle 00 \rangle$, etc. Estas relaciones pertenecen al primer nivel (*"erste Stufe"*). Si los valores admisibles de $f(X_1, ..., X_n)$ son, en cambio, relaciones cuya extensión es un conjunto de conjuntos de elementos (esto es, $\wp(A)$), entonces su tipo será $\langle \langle 0 \rangle \rangle$. Y, si su extensión es un conjunto de conjuntos de pares ordenados (o sea, $\wp(A \times A)$), entonces será $\langle \langle 00 \rangle \rangle$, etc. Estas relaciones están en el segundo nivel (*"zweite Stufe"*). La jerarquía de tipos se construye añadiendo niveles sucesivos[28].

Sea $f_1(R_1, ..., R_n)$ la proposición que dice que las relaciones $R_1, ..., R_n$ de tipo $\mathtt{t}(00)$ son reflexivas, $f_2(R_1, ..., R_n)$ la proposición que dice que $R_1, ..., R_n$ son antisimétricas y $f_3(R_1, ..., R_n)$ la que expresa que son transitivas. Sea f la conjunción de f_1, f_2 y f_3. De este modo, $f(R_1, ..., R_n)$ está afirmando que $R_1, ..., R_n$ es un orden parcial. Dado que el resultado de reemplazar $X_1, ..., X_n$ por $R_1, ..., R_n$ en $f(X_1, ..., X_n)$ es una proposición *verdadera*, $R_1, ..., R_n$ no es solo un valor admisible de $f(X_1, ..., X_n)$, sino también un modelo (*"Modell"*) de $f(X_1, ..., X_n)$(*Cf.* Glosario: modelo). Carnap usa la abreviatura $\mathfrak{R}$ para el sistema de relaciones $R_1, ..., R_n$, de manera que $f\mathfrak{R}$ significa que $\mathfrak{R}$ es modelo de f (en nuestro caso, que $\mathfrak{R}$ es modelo de la teoría de los órdenes parciales).

Por consiguiente, una teoría es para Carnap una conjunción de funciones proposicionales $f_1 \wedge ... \wedge f_n$. En tanto que en el lenguaje formal de $\mathcal{TT}$ no se admiten como fórmulas bien formadas secuencias infinitas de signos, ninguna conjunción podrá ser infinita. Carnap está asumiendo implícitamente, pues, que la teoría f que axiomatiza el sistema $R_1, ..., R_n$ lo hace finitamente. Por otro lado, no exige que la teoría esté cerrada bajo la relación de consecuencia[29] (*Cf.* Glosario: teoría). Comparando este enfoque con el de Husserl, diríamos que las funciones proposicionales son las "proposiciones formales" de Husserl, el sistema de relaciones $R_1, ..., R_n$ es la "esfera de objetos", y el modelo $\mathfrak{R}$ de f es el "dominio" de f.

---

[28]Carnap (2000, pp. 69-70) llama "isotípicas" a dos relaciones del mismo tipo y formula una "regla de tipos" según la cual (1) todos los elementos de una clase deben ser isotípicos, (2) la pertenencia o la no pertenencia de una clase a sí misma no puede expresarse y (3) la unión y la intersección de dos clases A y B solo puede hacerse si A y B son isotípicas.

[29]Una teoría Γ está cerrada bajo la relación de consecuencia syss $\Gamma \models \varphi \Rightarrow \varphi \in \Gamma$.

Además de hablar de conjunción de funciones proposicionales, el lenguaje de $\mathcal{TT}$ también permite expresar el resto de conectivas, puesto que estas se obtienen a partir de las que Carnap tomará como primitivas, $(\neg)$ y $(\rightarrow)$. Del mismo modo, no solo puedo expresar que un sistema de relaciones $R_1, ..., R_n$ es modelo de la función proposicional $f(X_1, ..., X_n)$. Los cuantificadores $(\exists)$ y $(\forall)$ permiten afirmar que existe un sistema de relaciones que es modelo de f o que todos lo son. Es decir, $\exists X_1, ..., X_n(f(X_1, ..., X_n))$ (abreviado, $\exists \mathfrak{R} f \mathfrak{R}$) y $\forall X_1, ..., X_n(f(X_1, ..., X_n))$ (abreviado, $\forall \mathfrak{R} f \mathfrak{R}$).

Como se advierte, la letra $\mathfrak{R}$ parece desempeñar más de un papel en $\mathcal{TT}$. Primeramente, se presenta como la abreviatura de un sistema de relaciones, pero ahora está empleándose como la abreviatura de un conjunto de variables relacionales. Es más, a veces da la impresión de que $R_1, ..., R_n$ son relaciones y otra de que son relatores[30]. Esto se debe, en el fondo, a que falta una clara separación entre lenguaje objeto y metalenguaje en las *Untersuchungen*. La propia noción de "función proposicional" es tremendamente imprecisa. Según Whitehead y Russell (1910), ϕx podría ser una función que tome individuos como argumentos (resultando en la proposición "*a* es ϕ") pero también podría tomar proposiciones, dando lugar a proposiciones como "*p* es falsa" (lo mismo sucede con ψxy y el resto de conectivas).

La falta de una separación clara entre el lenguaje objeto y el metalenguaje explica que la relación de consecuencia en Carnap (2000) esté definida dentro de $\mathcal{TT}$. (*Cf.* Glosario: consecuencia). En el fondo, Carnap está formalizando el metalenguaje. Sea f una función proposicional –o una conjunción de funciones proposicionales-, y sea g una función proposicional. g es consecuencia de f syss:

---

[30]En la lógica contemporánea, distinguimos perfectamente entre los relatores $R_1, ..., R_n$ y las relaciones $\mathbf{R_1}, ..., \mathbf{R_n}$ definidas sobre el universo del modelo.

$$\text{CON} := \forall\mathfrak{R}(f\mathfrak{R} \rightarrow g\mathfrak{R})$$

Es decir, g es consecuencia de f syss, para todo modelo $\mathfrak{R}$, si $\mathfrak{R}$ es modelo de f, entonces $\mathfrak{R}$ es modelo de g[31]. Pero, ¿qué significa que $\mathfrak{R}$ sea modelo de f? Carnap sostiene que $\mathfrak{R}$ es modelo de f syss $f\mathfrak{R}$ "se tiene" en $\mathcal{TT}$. Como apuntan Schiemer y cols. (2017), la expresión "se tiene" puede entenderse de dos maneras. En primer lugar, se podría pensar que Carnap quería decir que $f\mathfrak{R}$ es *verdadera* en el "universo" de $\mathcal{TT}$ (o sea, en la jerarquía de tipos), de modo que:

$$\text{CON}_{\models} := \models_{\mathcal{TT}} \forall\mathfrak{R}(f\mathfrak{R} \rightarrow g\mathfrak{R})$$

Sin embargo, también es posible que la idea intuitiva fuera que $f\mathfrak{R}$ debía ser deducible a partir de $\mathcal{TT}$. Esto es:

$$\text{CON}_{\vdash} := \vdash_{\mathcal{TT}} \forall\mathfrak{R}(f\mathfrak{R} \rightarrow g\mathfrak{R})$$

Sea como fuere, lo cierto es que, a diferencia de lo que ocurre en la lógica contemporánea, la noción de "satisfacibilidad" de f se toma en Carnap (2000) como primitiva en lugar de definirse recursivamente[32]. Basándose en CON y en conceptos tomados de la teoría de conjuntos, Carnap distingue entre tres nociones de "completud de una teoría" (escrita, naturalmente, en el lenguaje de $\mathcal{TT}$) que presentaré a continuación.

1.3.3. La pregunta por la completud

Carnap creía que la mayor dificultad de investigar las propiedades lógico-formales de una teoría estaba, precisamente, en la vaguedad con la que esas mismas propiedades habían sido definidas:

---

[31] *Cf.* Carnap (2000, p. 92).

[32] La definición recursiva de "satisfacibilidad" se debe a Gödel y Tarski. Con respecto al segundo, *Cf.* Hodges (2018).

> Gracias a las investigaciones recientes sobre las propie-
> dades generales de los sistemas de axiomas como la com-
> pletud, monomorfía (categoricidad), decidibilidad, con-
> sistencia, etc., y sobre el problema de los criterios y las
> interrelaciones entre estas propiedades, es cada vez más
> evidente que la principal dificultad reside en la insufi-
> ciente precisión de los conceptos utilizados[33] (Carnap,
> 2000, p. 59).

En este sentido, Carnap explica que, en los intentos de definir
el concepto de "completud de una teoría", se habían seguido hasta entonces tres caminos. Para algunos, una teoría completa era
"no-bifurcable"; para otros, debía ser "monomórfica"; y, finalmente, había quien la definía como "decidible". Según él, el principal
mérito de las *Untersuchungen* es mostrar que "monomórfico" y "no-
bifurcable" son equivalentes (proposición 3.4.8), así como haber
probado la equivalencia entre "no-bifurcable" y "decidible" (proposición 3.6.1), lo cual implica que los tres conceptos son, de hecho,
equivalentes (proposición 3.6.2).

La idea intuitiva detrás de la noción de no-bifurcabilidad es que
todos los modelos de una teoría satisfacen las mismas sentencias.
Considérese, por ejemplo, la clase de modelos $\mathfrak{K}$ de la teoría de los
órdenes parciales Γ. Sean $\mathfrak{A}$ y $\mathfrak{B}$ dos estructuras tales que $\mathfrak{A} =
\langle \mathbb{N}, \leq \rangle$ y $\mathfrak{B} = \langle \mathbb{Q}, \leq \rangle$. Es claro que $\mathfrak{A}, \mathfrak{B} \in \mathfrak{K}$. Pero, ¿satisfacen $\mathfrak{A}$ y
$\mathfrak{B}$ las mismas sentencias? La respuesta es que no, pues ocurre que
$\not\models_{\mathfrak{A}} \forall xy(R(x,y) \wedge x \neq y \rightarrow \exists z(R(x,z) \wedge z \neq x \wedge R(z,y) \wedge z \neq y)$ y
$\models_{\mathfrak{B}} \forall xy(R(x,y) \wedge x \neq y \rightarrow \exists z(R(x,z) \wedge z \neq x \wedge R(z,y) \wedge z \neq y)$.

---

[33] "Durch die neueren Untersuchungen über allgemeine Eigenschaften von
Axiomensystemen, wie: Vollsständigkeit, Monomorphie (Kategorizität), Entscheidungsdefinitheit, Widerspruchsfreiheit u.a., und über die Probleme der Kri-
terien und der gegenseitigen Beziehungen dieser Eigenschaften ist immer deutli-
cher geworden, dass die Hauptschwierigkeit der Probleme in der ungentigenden
Schärfe der verwendeten Begriffe liegt" (Carnap, 2000, p. 59; la traducción es
mía).

Carnap dirá que Γ "se bifurca" en esa sentencia, llamémosla φ, ya que tanto $\Gamma \cup \{\varphi\}$ como $\Gamma \cup \{\neg\varphi\}$ son satisfacibles ($\mathfrak{B}$ es modelo de $\Gamma \cup \{\varphi\}$ y $\mathfrak{A}$ lo es de $\Gamma \cup \{\neg\varphi\}$). Por tanto, una teoría Γ será bifurcable si no todos sus modelos satisfacen las mismas sentencias (*Cf.* Glosario: bifurcabilidad). En el lenguaje de $\mathcal{TT}$:

$$\text{BIF} := \exists\mathfrak{R}(f\mathfrak{R} \wedge g\mathfrak{R}) \wedge \exists\mathfrak{S}(f\mathfrak{S} \wedge \neg g\mathfrak{S}) \wedge \text{FOR}(g)$$

En otras palabras, una teoría f es bifurcable en g syss (1) f tiene al menos dos modelos, $\mathfrak{R}$ y $\mathfrak{S}$ (2) $\mathfrak{R}$ es modelo de g y $\mathfrak{S}$ es modelo de $\neg g$ y (3) g es una función proposicional formal (*Cf.* Glosario: función proposicional formal). La tercera condición exige que, siendo $\mathfrak{S}$ la abreviatura del sistema de relaciones $S_1, ..., S_n$, si $S_1, ..., S_n$ hace verdadera a la función proposicional $g(Y_1, ..., Y_n)$, entonces todo sistema de relaciones *isomorfo* a $S_1, ..., S_n$ también será modelo de $g(Y_1, ..., Y_n)$. Esto es, la naturaleza de los objetos de $\mathfrak{S}$ es indiferente para determinar la satisfacibilidad de g[34]. En el lenguaje de $\mathcal{TT}$:

$$\text{FOR} := \forall\mathfrak{S}\mathfrak{T}(g\mathfrak{S} \wedge \text{ISO}(\mathfrak{S}, \mathfrak{T}) \to g\mathfrak{T})$$

Por otro lado, una teoría monomórfica es, en terminología contemporánea, una teoría categórica. De hecho, el propio Carnap también usaba el término "categoricidad" (*"Kategorizität"*) para referirse a la monomorfía. Considérese, de nuevo, la teoría de los órdenes parciales Γ y su clase de modelos $\mathfrak{K}$. Si tomamos un subconjunto finito de $\mathbb{N}$ y lo ordenamos mediante la relación $\leq$, la estructura resultante será un orden parcial. O, dicho de otro modo, estará en $\mathfrak{K}$. Es evidente que no habrá un isomorfismo h desde esta

---

[34] "We know (this is the philosophy of the isomorphism theorem) that what matters is not the individuals themselves but the relations that hold among them" (Manzano, 1996, p. 246).

estructura hacia $\mathfrak{A} = \langle \mathbb{N}, \leq \rangle$, porque $\mathbb{N}$ no es biyectable con ningún subconjunto suyo que sea finito[35]. Por tanto, $\mathfrak{K}$ contiene modelos no isomorfos y, en consecuencia, Γ no puede ser monomórfica (*Cf.* Glosario: monomorfía). Las teorías que, como Γ, no son monomórficas se denominan "polimórficas" (*Cf.* Glosario: polimorfía). En el lenguaje de $\mathcal{TT}$, una teoría f es monomórfica syss:

$$\text{MON:}= \exists \mathfrak{R} f \mathfrak{R} \wedge \forall \mathfrak{S} \mathfrak{T}(f \mathfrak{S} \wedge f \mathfrak{T} \to \text{ISO}(\mathfrak{S}, \mathfrak{T}))$$

Finalmente, para Carnap una teoría f es decidible syss, para toda función proposicional g, g o $\neg g$ es consecuencia de f. Schiemer y cols. (2017) señalan correctamente que, en este contexto, una teoría no es "decidible" en el sentido de la teoría de la computabilidad. Una teoría decidible en este sentido es un conjunto de funciones proposicionales del lenguaje de $\mathcal{TT}$ para el que existe un *algoritmo* que determina si una expresión cualquiera de ese lenguaje está o no en dicho conjunto. Es más, la propiedad de ser decidible a la que se refiere Carnap no es constructiva (como veremos, también introducirá el concepto de "k-decidibilidad" que sí es constructivo).

De este modo, f será decidible syss, para todo modelo $\mathfrak{R}$, si $\mathfrak{R}$ es modelo de f, entonces $\mathfrak{R}$ es modelo de g o lo es de $\neg g$. En la lógica actual, decimos que $f \models g$ o $f \models \neg g$. Si pensamos en una clase de modelos $\mathfrak{K}$ y no un modelo particular, la definición es más sutil. Una teoría f es decidible syss, para todo modelo $\mathfrak{A}, \mathfrak{B} \in \mathfrak{K}$, si $\mathfrak{A}, \mathfrak{B}$ son modelos de f, entonces $\mathfrak{A}, \mathfrak{B}$ son modelos de g o lo son de $\neg g$. Volviendo a la teoría de los órdenes parciales Γ, es evidente que $\Gamma \not\models \varphi$ y $\Gamma \not\models \neg\varphi$ cuando $\varphi := \forall xy(R(x,y) \wedge x \neq y \to \exists z(R(x,z) \wedge$

---

[35]Naturalmente, $\mathbb{N}$ sí es biyectable con un subconjunto infinito suyo, como por ejemplo $2\mathbb{N}$. La propiedad de ser biyectable con algún subconjunto propio *diferencia* a los conjuntos infinitos de los finitos. De hecho, está en la base de la definición de "conjunto infinito" de Dedekind (*Cf.* Dedekind (2013)).

$z \neq x \wedge R(z,y) \wedge z \neq y)$. En efecto, $\mathfrak{A} = \langle \mathbb{N}, \leq \rangle$ hace verdadera a Γ y falsa a φ y $\mathfrak{B} = \langle \mathbb{Q}, \leq \rangle$ hace verdadera a Γ y falsa a $\neg\varphi$. De ahí que Γ no sea decidible[36] (*Cf.* Glosario: decidibilidad). En el lenguaje de $\mathcal{TT}$:

$$\text{DEC}:= \exists \mathfrak{R} f \mathfrak{R} \wedge \forall g (\text{FOR}(g) \rightarrow \forall \mathfrak{S}((\mathfrak{S}f \rightarrow \mathfrak{S}g) \vee (\mathfrak{S}f \rightarrow \mathfrak{S}\neg g)))$$

Mi propuesta es que los tres sentidos en los que, según Husserl, una teoría está "absolutamente definida" anticipan de manera informal estos tres conceptos de completud. En especial, la idea de que una teoría no-bifurcable es decidible está muy presente en la *Doppelvortrag*. Con respecto a la monomorfía, resulta que esta noción no aparece enteramente separada de la propiedad que tienen las teorías cuyos modelos son "maximales", lo cual también distingue a las teorías absolutamente definidas de las que no lo están. En el próximo capítulo, esta propiedad (que apunta a una *completud de los modelos*, no de las teorías) se analizará en detalle.

1.4. Conclusiones

En este capítulo, se han introducido los problemas que motivaron, por un lado, la *Doppelvortrag* de Husserl y, por otro, las *Untersuchungen* de Carnap. Aunque casi treinta años separan las conferencias del primero del manuscrito del segundo, ambos estaban preocupados por las propiedades lógico-formales de las teorías matemáticas. Husserl pensaba que, si nuestras teorías cumplen con

---

[36]Una teoría decidible en este sentido es, para Tarski (1940), una teoría semánticamente completa. Conviene no confundir este sentido de completud de una teoría con la *completud semántica* del cálculo, que hace referencia a las definiciones 2 y 3.

ciertos requisitos de ese tipo (en concreto, si están "definidas"), entonces las dificultades asociadas a la construcción de los números podrían superarse. Así, el Principio de Permanencia quedaría al fin fundamentado, ya que serán precisamente esas propiedades lógico-formales las que garanticen que añadir *números ideales* a nuestros sistemas no afecta a las operaciones con números naturales. Carnap, por su parte, trataba de definir precisamente una de esas propiedades, la completud, con el objetivo de construir una *metalógica* sobre la cual edificar el logicismo. Además de distinguir entre "no-bifurcabilidad", "monomorfía" y "decidibilidad", creyó haber mostrado que son tres nociones equivalentes.

A pesar de que Husserl está trabajando con un lenguaje matemático semi-formal y Carnap lo hace en el marco lógico de la teoría simple de tipos, hay algunas similitudes importantes entre conceptos fundamentales para ambos, como los de "proposición formal" y "función proposicional" (los *enunciados* de las teorías). Hay "esferas de objetos" que verifican proposiciones formales, del mismo modo que hay sistemas de relaciones que hacen verdaderas ciertas funciones proposicionales. Husserl llama a esas esferas de objetos "dominio" de una teoría; Carnap, a esos sistema de relaciones, "modelos". Mi hipótesis de que leer a Husserl a la luz de Carnap permite ponderar *en qué medida es útil* el concepto de teoría "relativamente definida" para resolver el problema de los números ideales se basa, primeramente, en estas semejanzas. Esta idea será extensamente desarrollada en el cuarto capítulo.

Capítulo 2

Hilbert y Husserl sobre la completud: modelos, teorías y el *Vollständigkeitsaxiom*

2.1. Introducción

Además de la completud de una teoría (que podía significar "no-bifurcabilidad", "monomorfía" o "decidibilidad"), Carnap (2000) discute una cuarta noción de completud en fragmentos de lo que iba a ser la segunda parte de las *Untersuchungen*. Esta noción de completud, no tan conocida, se refiere a la completud de los modelos y no de las teorías, aunque a menudo la "completud" de los mismos viene dada por lo que Carnap llamaba "axiomas extremos"[1] (*"Extremalaxiome"*). En palabras del propio Carnap:

> El término "completud de un sistema de axiomas" se usa en varios significados diferentes. Primero de todo,

---

[1]Para una buena explicación de los "axiomas extremos" en Carnap, *Cf.* Schiemer (2013).

es importante distinguir entre la completud del propio sistema de axiomas y la completud del sistema de objetos del que hablan los axiomas[2] (Carnap, 2000, p. 127).

Carnap denomina "modelos maximales" a los modelos que son completos. Sea f una teoría y $\mathfrak{R}$ su modelo. $\mathfrak{R}$ es un modelo maximal (*"Maximalmodell"*) syss no existe un $\mathfrak{S}$ tal que $\mathfrak{R}$ sea un subconjunto propio de $\mathfrak{S}$ y $\mathfrak{S}$ sea modelo de f (*Cf.* Glosario: modelo maximal). Es decir, $\mathfrak{R}$ no puede ser extendido y seguir siendo un modelo de f. En el lenguaje de $\mathcal{TT}$:

$$\text{MAX} := \exists\mathfrak{R}(f\mathfrak{R} \wedge \neg\exists\mathfrak{S}(\mathfrak{R} \subset \mathfrak{S} \wedge \mathfrak{R} \neq \mathfrak{S} \wedge f\mathfrak{S}))$$

Como señalan Schiemer y cols. (2017), MAX impondrá una condición de maximalidad no ya a un modelo particular, sino a la *clase de modelos* de la teoría. Pues, en efecto, si $\mathfrak{A}$ es un modelo de Γ y $\mathfrak{A} \in \mathfrak{K}$, que $\mathfrak{A}$ sea un modelo maximal significa que ninguna extensión propia[3] de $\mathfrak{A}$, sea esta $\mathfrak{B}$, pertenece a $\mathfrak{K}$. Análogamente, Carnap también define el concepto de "modelo minimal" de una teoría. $\mathfrak{R}$ es un modelo minimal (*"Minimalmodell"*) syss no existe un $\mathfrak{S}$ tal que $\mathfrak{S}$ sea un subconjunto propio de $\mathfrak{R}$ y $\mathfrak{S}$ sea modelo de dicha teoría (*Cf.* Glosario: modelo minimal). Es decir, $\mathfrak{R}$ no puede ser reducido y seguir siendo un modelo de la teoría. En el lenguaje de $\mathcal{TT}$:

---

[2] "Die Bezeichnung „Vollständigkeit eines Axiomensystems" wird in verschiedenen Bedeutungen gebraucht. Zunächst ist es wichtig, zu unterscheiden zwischen der Vollständigkeit des Axiomensystems selbst und der Vollständigkeit des Systems der Gegenstände, von dern das Axiomensystem spricht" (Carnap, 2000, p. 127; la traducción es mía).

[3] Sean $\mathfrak{A}$ y $\mathfrak{B}$ dos estructuras de la misma signatura cuyos universos son $\mathbf{A}$ y $\mathbf{B}$. $\mathfrak{B}$ es una *extensión propia* de $\mathfrak{A}$ syss $\mathbf{A} \subset \mathbf{B}$ y (1) los elementos destacados de $\mathfrak{A}$ coinciden con los de $\mathfrak{B}$, (2) para cada función n-aria $\mathbf{f_1}, ..., \mathbf{f_n}$ definida sobre $\mathbf{A}^n$, $\mathbf{f_1}, ..., \mathbf{f_n}$ es la restricción de una función n-aria $\mathbf{g_1}, ..., \mathbf{g_n}$ definida sobre $\mathbf{B}^n$ al conjunto $\mathbf{A}^n$, y (3) para cada relación n-aria $\mathbf{R_1}, ..., \mathbf{R_n}$ definida sobre $\mathbf{A}^n$, $\mathbf{R_1}, ..., \mathbf{R_n}$ es la intersección de cierta relación n-aria $\mathbf{S_1}, ..., \mathbf{S_n}$ definida sobre $\mathbf{B}^n$ con el conjunto $\mathbf{A}^n$. *Cf.* Hodges (1993, p. 6) y Manzano (1999, pp. 20-21).

$$\text{MIN} := \exists\mathfrak{R}(f\mathfrak{R} \wedge \neg\exists\mathfrak{S}(\mathfrak{S} \subset \mathfrak{R} \wedge \mathfrak{R} \neq \mathfrak{S} \wedge f\mathfrak{S}))$$

En este caso, MIN impondrá una condición minimal a la clase de modelos $\mathfrak{K}$. Si $\mathfrak{A}$ es modelo de Γ y $\mathfrak{A} \in \mathfrak{K}$, que $\mathfrak{A}$ sea un modelo minimal significa que ninguna subestructura propia[4] de $\mathfrak{A}$ pertenece a $\mathfrak{K}$. Puesto que para Carnap los modelos son sistemas de relaciones (cuyas extensiones son conjuntos), él habla de subconjuntos y no de subestructuras. De ahí que, en las definiciones de MAX y MIN, escribamos el signo $\subset$ y no $\sqsubset$.

Por otra parte, relacionada con la noción de modelo maximal está la idea de "completud de Hilbert" (*Cf.* Schiemer y cols. (2017)). Una teoría es Hilbert completa syss todos sus modelos son maximales. Sea $\mathfrak{K}$ una clase de modelos de f tal que $\mathfrak{A}, \mathfrak{B} \in \mathfrak{K}$. Si $\mathfrak{A}$ es maximal, pero no lo es $\mathfrak{B}$, puede ocurrir que $\mathfrak{A}$ sea una extensión propia de $\mathfrak{B}$. En cambio, si todos los modelos de f fueran maximales (es decir, si f fuera Hilbert completa), entonces no habría ningún modelo $\mathfrak{A}$ de f tal que $\mathfrak{A} \in \mathfrak{K}$, $\mathfrak{A}$ es una extensión de $\mathfrak{B}$ y $\mathfrak{B} \in \mathfrak{K}$. Por decirlo en terminología de Carnap, f es Hilbert completa syss, para todo modelo $\mathfrak{R}$ y $\mathfrak{S}$ de f, si $\mathfrak{R}$ está incluido en $\mathfrak{S}$, entonces $\mathfrak{R}$ y $\mathfrak{S}$ son el mismo modelo (*Cf.* Glosario: completud de Hilbert). En el lenguaje de $\mathcal{TT}$:

$$\text{HIL} := \forall\mathfrak{R}\mathfrak{S}((f\mathfrak{R} \wedge f\mathfrak{S} \wedge \mathfrak{R} \subseteq \mathfrak{S}) \rightarrow \mathfrak{R} = \mathfrak{S})$$

Como veremos, la completud de Hilbert –de una teoría f- está garantizada por el axioma de completud (que es justamente uno de los axiomas extremos que antes mencionábamos). Históricamente, esta idea de que los modelos de f no pueden ser extendidos *es anterior* a la intuición de que las teorías mismas también pueden ser "maximales". Así, autores como Zach se preguntan cómo se

---

[4]$\mathfrak{A}$ es una *subestructura propia* de $\mathfrak{B}$ syss $\mathfrak{B}$ es una extensión propia de $\mathfrak{A}$.

explica el paso desde la completud de los modelos a la cuestión de
si una teoría es o no completa:

> Where and how does the shift from the completeness
> axiom to the question of completeness of the axioms
> occur? [...] I cannot give an answer to this interesting
> and important question here. The issues are complicated
> enough to warrant their own extended treatment (Zach,
> 1999, p. 354-55).

En el caso de Hilbert, Zach argumenta que, al menos a partir de 1921, él ya distinguía claramente entre la condición que el
axioma de completud va a imponer a los modelos de una teoría y
el concepto de "Post completud" (de una teoría). Ahora bien, en
el capítulo anterior expliqué que mi propuesta era que las tres nociones de completud de una teoría identificadas por Carnap en las
Untersuchungen fueron anticipadas por Husserl en la *Doppelvortrag*
de 1901. ¿Cómo explicar, entonces, que veinte años antes Husserl
ya distinguiera entre teorías "maximales" (o sea, "teorías absolutamente definidas"), por un lado, y modelos "maximales" (es decir,
"dominios absolutamente definidos"), por otro?

El presente capítulo trata, precisamente, de responder esta pregunta. Así, defenderé que las dos razones que, en opinión de Zach,
explican el paso de la completud de los modelos a la completud de
una teoría en la obra de Hilbert están también en la *Doppelvortrag*.
No obstante, en primer lugar se aportará evidencia textual a favor
de que en 1901 la completud tenía más que ver con los modelos
que con las teorías. Esta afirmación se sustenta, principalmente,
en la manera en que Hilbert axiomatiza la geometría y los números
reales y el propósito del axioma de completud[5]. Después, compararé

---

[5]Giovannini (2013) estudia exhaustivamente la incorporación del axioma de
completud a la geometría euclidiana, discutiendo además las notas manuscritas
de Hilbert (redactadas para sus clases) desde 1894 a 1905.

el sentido en que $\mathbb{R}$ es completo con la idea husserliana de "dominio absolutamente definido", explicando finalmente cómo y de qué forma Husserl pasa de esta noción a la de "teoría absolutamente definida".

2.2. La completud de Hilbert y la casi-empírica

2.2.1. El axioma de completud

En la conferencia "Über den Zahlbegriff", Hilbert (1900c) incluye el axioma de completud ("*Vollständigkeitsaxiom*") en su axiomatización de los números reales. Y, en la edición francesa de los *Grundlagen der Geometrie*, Hilbert (1900a) añade ese mismo axioma a su axiomatización de la geometría, pues no aparecía en la primera edición alemana[6]. La formulación del axioma de completud es bastante similar en ambos textos:

> IV 2. (*Axiom of Completeness.*) It is not possible to add to the system of numbers another system of things so that the axioms I, II, III and IV 1 are also all satisfied in the combined system; in short, the numbers form a system of things which is incapable of being extended while continuing to satisfy all the axioms (Hilbert, 1900c, p. 1094).

---

[6]La razón que, para Rowe (2000) y Corry (2004), explicaría que el axioma de completud no aparezca en la primera edición de los *Grundlagen der Geometrie* es que Hilbert prefería no trabajar con los reales, dado que todavía no había logrado axiomatizarlos. Sin embargo, Giovannini (2013, pp. 147-48) sostiene que decidió incluir el axioma de completud por otros dos motivos: es lógicamente independiente del axioma de Arquímedes y puede formularse en términos estrictamente geométricos.

> Au système des points, droits et plans il est impossible
> d'adjoindre d'autres êtres de manière que le système ain-
> si généralisé forme une nouvelle géométrie où les axio-
> mes des cinq groupes I-V soient tous vérifiés; en d'autres
> termes: les éléments de la Géométrie forment un système
> d'êtres qui, si l'on conserve tous les axiomes, n'est sus-
> ceptible d'aucune extension (Hilbert, 1900a, p. 123).

La idea intuitiva es que el axioma de completud establece la
imposibilidad de añadir a un sistema (ya sea este de números o de
puntos, rectas y planos) nuevos números (o nuevos puntos, rectas y
planos) sin que alguno de los otros axiomas sea falso (*Cf.* Glosario:
axioma de completud). Esto es, si un sistema $\mathfrak{A}$ pertenece a la
clase de modelos $\mathfrak{K}$ de una teoría Γ, y Γ contiene el axioma de
completud, entonces ninguna extensión de $\mathfrak{A}$ estará en $\mathfrak{K}$. Luego
todos los modelos de Γ son maximales (lo cual implica que Γ es
Hilbert completa).

Considérense, por ejemplo, los propios números reales. Sean $\mathfrak{A}$
y $\mathfrak{B}$ los cuerpos $\mathfrak{A} = \langle \mathbb{R}, 0, 1, +, \cdot \rangle$ y $\mathfrak{B} = \langle \mathbb{C}, 0, 1, +, \cdot \rangle$. $\mathfrak{B}$ es claramente una extensión propia de $\mathfrak{A}$. Sea Γ la axiomatización de
Hilbert de los números reales que, además de tener axiomas para la
suma y el producto, incluye los axiomas que convierten a $\mathfrak{A}$ en un
orden total[7]. De este modo, $\mathfrak{A}' = \langle \mathbb{R}, 0, 1, +, \cdot, < \rangle$ es un modelo de
Γ. Puesto que Γ contiene el axioma de completud, ninguna exten-
sión propia de $\mathfrak{A}'$ debería ser modelo de Γ. En otras palabras, los
complejos no pueden ser un cuerpo totalmente ordenado, lo cual es
cierto. Si lo fuera, se tendría que, para todos los números complejos
$a, b \in \mathbb{C}$ y todo número complejo $c \in \mathbb{C} - \{0\}$, si $a < b$ entonces

---

[7]En "Über den Zahlbegriff", el sistema de axiomas que Hilbert propone
para los reales está dividido en cuatro grupos: "axioms of linking", "axioms of
calculation" (para la suma y el producto), "axioms of ordering" (para el orden
total) y "axioms of continuity", donde están el axioma de Arquímedes y el de
completud.

$ac < bc$. Sean a y b los complejos 0 e i. Hay, pues, dos posibilidades: $0 < i$ o $i < 0$. Si $0 < i$, entonces debería cumplirse que, para todo complejo c distinto de 0, $0c < ic$. Sea $c = i$. En tal caso, $0 \cdot i < i^2$, lo cual es falso porque $0 \cdot i = 0$ y $i^2 = -1$. Esto contradice al supuesto de que $0 < i$. Supongamos, en cambio, que $i < 0$. De ahí se sigue que $ic < 0c$. Si $c = -i$, entonces resulta que $i \cdot (-i) < 0 \cdot (-i)$, lo cual es falso porque $i \cdot (-i) = -(i^2) = 1$ y $0 \cdot (-i) = 0$. De nuevo, llegamos a una contradicción. En consecuencia, no es posible que $\mathfrak{B} = \langle \mathbb{C}, 0, 1, +, \cdot \rangle$ esté equipado con la relación $<$ o, dicho de otro modo, que $\mathbb{C}$ sea totalmente ordenado.

En tanto que el axioma de completud "asegura" que no hay ningún cuerpo ordenado cuyo universo sea $\mathbb{C}$, la manera en que Hilbert (1900c) axiomatiza a los reales es coherente con la imposibilidad de ordenar totalmente los números complejos. Por otro lado, esta imposibilidad muestra que, efectivamente, $\mathfrak{A}' = \langle \mathbb{R}, 0, 1, +, \cdot, < \rangle$ es un modelo maximal de Γ. Este es el sentido, pues, en que el modelo de una teoría que contenga el axioma de completud es "completo". Si considerásemos una estructura $\mathfrak{Q}' = \langle \mathbb{Q}, 0, 1, +, \cdot, < \rangle$, Hilbert diría que no se trata de un "sistema de números completo", puesto que, en cierto sentido, *tiene huecos*. Esta completud, característica de los números reales, recoge la intuición de que la recta real es *continua*. Es más, comúnmente se denomina "Dedekind completud" a la propiedad de la recta real de no tener huecos (*Cf.* Glosario: completud de Dedekind). Por esta razón, la completud de Dedekind y la condición que el axioma de completud está imponiendo a los modelos de Γ se consideran equivalentes a la propiedad de la mínima cota superior[8]. Un subconjunto Q de racionales tal que $Q = \{ x \in \mathbb{Q} \mid x^2 < 2 \}$ no tiene una cota superior mínima (ese punto "falta" en la recta numérica que representa a $\mathbb{Q}$) y, en

---

[8] *Cf.* [FOM] Hilbert's Vollstandigkeitsaxiom and Hilbert's Hotel.

consecuencia, $\mathfrak{Q}'$ puede ser extendida añadiendo $\sqrt{2}$ a su universo.

Por el contrario, no hay ningún subconjunto R de números reales tal que R no tenga una cota superior mínima, por lo que es imposible añadir números al universo de $\mathfrak{A}'$ sin que $\mathfrak{A}'$ deje de ser modelo de Γ (precisamente, esta era la idea que subyacía al axioma de completud). Como se advierte, la completud de los reales puede deducirse a partir de la construcción de los mismos (como cortaduras de Dedekind, por ejemplo) o bien postularse como un axioma más de la teoría. Sin embargo, este axioma será algo diferente a los axiomas para la suma, el producto o el orden total. Moore (1997) y Giovannini (2013) han destacado su "carácter metalógico" y su peculiar forma metalingüística[9]. De hecho, Hahn (1907) y Baldus (1928) señalaron ya entonces que este carácter metalingüístico impedía cualquier demostración de independencia del axioma de completud (*Cf.* Giovannini (2013, p. 159)).

La consecuencia más importante de incorporar el axioma de completud a los *Grundlagen der Geometrie* es que "fuerza" que el modelo de los axiomas geométricos sea completo en un sentido análogo a la completud de los reales. Por tanto, y al igual que en la recta real, hay una *continuidad* en los objetos geométricos, de tal forma que se puede establecer una correspondencia entre puntos del plano y pares de números reales. Así pues, la geometría analítica de Hilbert está construida sobre el cuerpo ordenado "completo" $\mathbb{R}$ y no sobre $\mathbb{Q}$ (*Cf.* Giovannini (2013, p. 144-46)). La capacidad del axioma de completud de imponer una condición de maximalidad al modelo de la teoría fue explotada, años después, por la escuela de

---

[9] "This metalogical axiom, which he called the axiom of completeness, stated that a model of his geometrical axioms had to be maximal, i. e. not capable of being enlarged by new elements while still satisfying the other axioms" (Moore, 1997, p. 68).

Hilbert[10].

Por todo esto, autores como Corcoran argumentan que atribuir a Hilbert el concepto de "completud de una teoría" en 1901 resulta algo anacrónico:

> It is also implied that, at that time, Hilbert was concerned with completeness of axiomatic theories in the modern sense whereas in fact his concern was with completeness of the models (a model of a set of axioms is complete if no new elements can be added without falsifying an axiom) (Corcoran, 1972, p. 108).

No obstante, sí hay un sentido en que Hilbert consideraba que los axiomas de una teoría podían ser "completos" en 1901. Esta completud no tenía nada que ver con la maximalidad de la teoría, sino más bien con la *suficiencia* de los axiomas para generar como consecuencias todas las verdades de la teoría en cuestión. Este sentido de completud se conoce, en la literatura especializada, como "completud casi-empírica"[11].

2.2.2. La completud casi-empírica

Como es sabido, la pregunta por la consistencia de la aritmética fue uno de los veintitrés problemas que Hilbert (1900b) expuso en París, en la segunda edición del Congreso Internacional de Matemáticos. Hilbert demandaba una prueba de que a partir de un número finito de "pasos lógicos" basados en los axiomas de la propia aritmética no se pueden obtener contradicciones. Pero, como

---

[10]En una conferencia titulada "Über mathematische Logik", pronunciada en Gotinga en 1914, Behmann estableció un paralelismo entre el axioma de completud de Hilbert y el de reducibilidad de Russell. "The axiom [of reducibility] thus states that in this one order there already are enough functions to define all possible classes; it can therefore be viewed as a kind of completeness axiom for the predicative functions" (Mancosu, 1999, p. 307).

[11]*Cf.* Sieg (2013, p. 87).

advierte Sieg (2013), en 1900 Hilbert todavía no disponía de un
cálculo deductivo, por lo que esta cuestión solo pudo haberse introducido de manera informal. De hecho, el propio Hilbert admitía
que la resolución del problema pasa por "a suitable modification
of familiar methods of inference" (Hilbert, 1900c, p. 1095). Según
Sieg, la consistencia a la que se refería Hilbert en 1900 era, pues,
una consistencia "casi-empírica".

Del mismo modo, Sieg (2013, p. 87) afirma que en "Über den
Zahlbegriff" y en los *Grundlagen* encontramos un sentido informal
de completud análogo al concepto de completud de un cálculo. La
necesidad de un cálculo completo se hace patente cuando tratamos
de organizar el conocimiento de un dominio dado buscando inferir
todas las sentencias verdaderas del mismo a partir de un número
reducido de proposiciones[12]. No obstante, matiza Henkin (1962), la
formulación adecuada de esta noción de completud (de un cálculo)
requiere un concepto de "sentencia verdadera" matemáticamente
preciso. De ahí que, hasta entonces, el sentido en que los axiomas de
una teoría son "suficientes" sea muy intuitivo, o sea, "casi-empírico". En "Über den Zahlbegriff", Hilbert habla de la completud (del
cálculo) en términos ciertamente informales:

> The necessary task then arises of showing the *consis-
> tency* and the *completeness* of these axioms, i.e. it must
> be proved that the application of the given axioms can
> never lead to contradictions, and, further, that the sys-
> tem of axioms is adequate to prove all geometrical pro-
> positions. We shall call this procedure of investigation
> the *axiomatic method* (Hilbert, 1900c, pp. 1092-93).

Además de Sieg, Mancosu y cols. (2009) también atribuyen a
Hilbert una concepción "casi-empírica" de la completud en este periodo. Ellos consideran que, aunque Hilbert no defina la completud

---

[12] *Cf.* Henkin (1967b, p. 19).

explícitamente, la interpretación más plausible es que exigiera que su sistema de axiomas tuviera la capacidad de "capturar el cuerpo ordinario de proposiciones de la geometría" (Mancosu y cols., 2009, p. 324). Por otro lado, resulta interesante comparar esta última cita de Hilbert (1900c) con el siguiente párrafo de los *Principia*, donde parece que Whitehead y Russell se están preguntando, justamente, por la completud "casi-empírica" de sus axiomas:

> The system must embrace among its deductions all those propositions which we believe to be true and capable of deduction from logical premisses alone (Whitehead y Russell, 1910, p. 13).

Dejando de lado cómo afecta este párrafo al debate en torno a la supuesta *incompatibilidad* entre la concepción de la lógica de Whitehead y Russell y las preocupaciones metalógicas[13], lo cierto es que refuerza la hipótesis de que la completud "casi-empírica" (es decir, la intuición de que los axiomas debían ser suficientes para derivar las verdades de la teoría) estaba ya en el ambiente. En la próxima sección, se discutirá si esta idea está en la *Doppelvortrag* y si lo está la condición de que los modelos de la teoría no puedan ser extendidos, esto es, que sean maximales.

---

[13] A partir de unas lecciones y seminarios que Dreben impartió en Harvard a principios de los 60, se hizo muy popular la tesis de que Frege, Whitehead y Russell no podían formular cuestiones metalógicas por su "concepción universalista" de la lógica. *Cf.* Van Heijenoort (1967), Goldfarb (1979), Ricketts (1985) y Dreben y Van Heijenoort (1986). Sin embargo, en las últimas tres décadas, Tappenden (1997), Proops (2007) o Heck (2010) han rechazado esta interpretación.

2.2.3. La completud de Hilbert en la *Doppel-vortrag*

En la *Doppelvortrag*, Husserl distingue, por un lado, entre teorías relativa y absolutamente definidas y, por otro lado, entre "dominios" (*Cf.* Glosario: dominio) relativa y absolutamente definidos. Para ilustrar lo que significa que un dominio esté relativamente definido o lo esté absolutamente, Husserl va a plantear los siguientes ejemplos:

> Relatively definite is the sphere of the whole and the fractional numbers, of the rational numbers [...] I call a manifold absolutely definite if there is no other manifold which has the same axioms (all together) as it has. Continuous number sequence, continuous sequence of ordered pairs of numbers (Husserl, 2003, p. 426).

Como se advierte, relativamente definida está la "esfera" de los números enteros y las fracciones, o sea, la "esfera" de los racionales. Vimos más arriba que $\mathbb{Q}$ tenía huecos, porque hay subconjuntos suyos (en particular, $Q = \{x \in \mathbb{Q} \mid x^2 < 2\}$) que no tienen una cota superior mínima. Por tanto, un dominio relativamente definido se entiende como una secuencia numérica *discontinua*. Esto es, un dominio está relativamente definido syss no es Dedekind completo (*Cf.* Glosario: dominio relativamente definido).

En cambio, resulta obvio que, para Husserl, un dominio absolutamente definido es una secuencia numérica *continua*. Una secuencia continua puede serlo de números (la recta real) o de pares de números (representaciones en el plano), por lo que también tenemos secuencias geométricas continuas. En general, un dominio está absolutamente definido syss no tiene huecos, es decir, si es Dedekind completo (*Cf.* Glosario: dominio absolutamente definido).

Igualmente importante es el hecho de que, para Husserl, si un dominio $\mathfrak{A}$ está absolutamente definido, entonces no hay ningún otro dominio $\mathfrak{B}$ tal que $\mathfrak{A}$ y $\mathfrak{B}$ tengan exactamente los mismos axiomas: "there is no other manifold which has the same axioms (all together) as it has". Supongamos, pues, que $\mathfrak{A}$ está absolutamente definido y $\mathfrak{A} \in \mathfrak{K}$, donde $\mathfrak{K}$ será la clase de modelos de una teoría Γ. Que $\mathfrak{A}$ esté absolutamente definido no quiere decir que se trate de un modelo maximal, ya que esto no es incompatible con que hubiera una subestructura de $\mathfrak{A}$ modelo de Γ. Más bien, lo que está afirmando Husserl es que la clase de modelos de Γ se reduce a $\mathfrak{A}$. Es decir, $\mathfrak{A} = \mathfrak{K}$. De ahí se sigue que, si $\mathfrak{B}$ fuera modelo de Γ, entonces $\mathfrak{A}$ y $\mathfrak{B}$ deberían ser la misma "esfera de objetos". Uno puede preguntarse, entonces, si una teoría cuyo modelo esté absolutamente definido es Hilbert completa (esto es, si extender este modelo implicará que al menos uno de sus axiomas se vuelva falso). La respuesta es obvia: sí, es Hilbert completa, dado que *ese* modelo es el único que satisface a *esos* axiomas. Γ no está axiomatizando una clase de modelos, sino un modelo particular[14] cuyo universo es continuo (esto es, no extendible).

De esta manera, Husserl vincula la no extendibilidad de un dominio con el hecho de que no exista ninguna otra "esfera de objetos" cuya teoría contenga *todos* sus axiomas. El dominio es, en ese sentido, "completo"; según Husserl, está "absolutamente definido". Además, Husserl hace explícita la relación de estas ideas con el trabajo de Hilbert antes comentado: "Therefore, absolutely definite = complete, in Hilbert's sense"(Husserl, 2003, p. 427). Autores como Da Silva (2000) argumentan que esa completud "en el sentido

---

[14] "Even in geometry, axioms were first used for describing a particular structure, not for defining a class of structures [...] It often happens –as it did in geometry- that people decide to take an interest in the unintended models too" (Hodges, 1993, p. 35).

de Hilbert" es equivalente a nuestra noción actual de "completud
de una teoría" (él emplea el término "completud deductiva[15]" o
"sintáctica"). Sin embargo, por lo visto en la sección anterior, parece claro que 1901 es demasiado pronto para pensar en un sentido
de completud tan formal y específico. La completud era, antes que
nada, una propiedad de los modelos.

En *Formale und Transzendentale Logik* (o sea, casi treinta años
después de la *Doppelvortrag*), Husserl (1969) explica cuál es el ori-
gen del concepto de completud que acaba de introducir en la discusión. Como se puede observar, hace referencia a Hilbert y a unas
investigaciones "todavía sin publicar":

> Throughout the present exposition I have used the ex-
> pression "complete system of axioms", which was not
> mine originally but derives from Hilbert. Without being
> guided by the philosophico-logical considerations that
> determined my studies, Hilbert arrived at his concept of
> completeness (naturally quite independently of my still
> unpublished investigations); he attempts, in particular,
> to complete a system of axioms by adding a seperate
> "axiom of completeness" (Husserl, 1969, pp. 96-97).

Esas investigaciones sin publicar son, en mi opinión, la *Doppelvortrag* y los apuntes sobre la misma, ya que más abajo comenta
que el concepto de "teoría definida" (que se presenta como análogo
al de completud de Hilbert) le sirvió primeramente para lidiar con
el problema de los números ideales. Asimismo, la mención explícita
de Husserl al axioma de completud fortalece la tesis de que la idea
de un dominio que esté "absolutamente definido" se parece mucho
a la condición de maximalidad que impone dicho axioma.

---

[15] *Cf.* Da Silva (2000, p. 417). Awodey y Reck (2002a, p. 4) también llaman
a la completud de una teoría 'deductive completeness".

Finalmente, en la la *Doppelvortrag* también aparece brevemente esbozado ese sentido "casi-empírico" de completud. De hecho, Husserl habla del doble requisito que Hilbert (1899) exigía a los axiomas de la geometría, que fueran consistentes y completos[16], entendiendo por "completud" la capacidad de los mismos para derivar todas las verdades geométricas. En otra ocasión, Husserl parece referirse a la completud "casi-empírica" de ciertos axiomas en general, no ya solo a los de la geometría:

> Systematic deduction supplies in a purely logical manner, i.e., purely according to the principle of contradiction, the dependent propositions, and therewith the entire totality of propositions that belong to the theory defined (Husserl, 2003, p. 410).

Así pues, es la deducción la que permite, de un modo "puramente lógico", derivar todas las proposiciones que pertenecen a una teoría concreta. Como es obvio, aquí la completud se parece más a la "suficiencia" (a la completud de un cálculo) que a una condición de maximalidad. En la siguiente sección, analizaré cómo se dio el paso desde los modelos o dominios "maximales" (los números reales, por ejemplo) a las teorías "maximales" (que, como veremos, Husserl llamaba *teorías absolutamente definidas*).

---

[16] "With reference to Hilbert's requirement that consistency and completeness be proven for Euclidean geometry [...] that the system of axioms suffices for the demonstration of all geometrical propositions, I observe [...] it is proven that the axioms are capable of proving every geometrical proposition" (Husserl, 2003, p. 425-26).

2.3.   De la completud de Hilbert a la de una teoría

2.3.1.   Hilbert y la Post completud

Como señala Zach (1999), Hilbert distinguía entre la completud como una *propiedad de los modelos* y la completud como una *propiedad de las teorías* desde, al menos, 1921. Ese año Hilbert ofreció un curso titulado "Grundlagen der Mathematik", donde explica que el modelo de la geometría analítica[17] es "completo" y, al mismo tiempo, que hay teorías que también lo son:

> Así, es realmente imposible extender el sistema de puntos, rectas y planos de la geometría analítica si los axiomas I-IV y el axioma de Arquímedes (*"Axiom des Messens"*) deben permanecer válidos: es decir, el espacio de la geometría analítica satisface el axioma de completud [...] La completud de un sistema de axiomas consiste en que ningún teorema independiente de los axiomas pueda añadirse sin obtener una contradicción o, en otras palabras, que la verdad o falsedad de todo enunciado relativo a la teoría se determine en base a los axiomas[18] (Hilbert, 1921/22, pp. 442-43).

La completud de una teoría se entiende, en este párrafo, de dos

---

[17]Recuérdese que el modelo de la geometría analítica es completo (no extendible), porque puede establecerse una correspondencia uno-a-uno entre números reales y puntos del plano.

[18]"Somit ist es in der Tat unmöglich, das System der Punkte, Geraden und Ebenen der analytischen Geometrie zu erweitern, sofern die Axiome I–IV sowie das Axiom des Messens gültig bleiben sollen: d. h. die analytische Geometrie des Raumes genügt dem Vollständigkeitsaxiom [...] Die Eigenschaft der Vollständigkeit eines Axiomensystems besteht ja darin, dass man keinen von den Axiomen unabhängigen Satz als neues Axiom hinzufügen kann, ohne einen Widerspruch zu erhalten oder anders ausgedrückt, dass für jede die Theorie betreffende Aussage auf Grund der Axiome bestimmt ist, ob sie richtig ist oder falsch" (Hilbert, 1921/22, pp. 442-43).

maneras. En primer lugar, una teoría Γ es completa si ninguna fórmula *independiente* de Γ (o sea, que no sea consecuencia suya) puede ser añadida a Γ sin obtener una contradicción. En segundo lugar, Γ es completa si todo enunciado de su lenguaje es verdadero o falso en base a los axiomas de Γ (es decir, si φ o $\neg\varphi$ es consecuencia de Γ). Hilbert considera, como se puede ver más arriba, que ambos sentidos de completud son equivalentes, así que lo primero es aclarar por qué. Empecemos preguntándonos qué quiere decir que una fórmula φ sea independiente de una teoría Γ. Es evidente que, en tal caso, $\Gamma \not\models \varphi$ y $\Gamma \not\models \neg\varphi$. De ahí se sigue, en términos actuales, que existe una interpretación $\mathfrak{J}$ tal que $\mathfrak{J}(\Gamma) = V$ y $\mathfrak{J}(\varphi) = F$ y, además, una interpretación $\mathfrak{J}'$ tal que $\mathfrak{J}'(\Gamma) = V$ y $\mathfrak{J}'(\neg\varphi) = F$. Luego si hay fórmulas del lenguaje de Γ que son independientes de Γ, entonces los modelos de Γ no satisfacen las mismas sentencias. Ahora, ¿qué significa que Γ es completa si es *imposible añadir φ* a Γ sin obtener una contradicción? Si el resultado de añadir φ a Γ es un conjunto contradictorio, entonces $\Gamma \cup \{\varphi\}$ es insatisfacible. Y, si $\Gamma \cup \{\varphi\}$ es insatisfacible, se tiene que $\Gamma \models \neg\varphi$, lo cual nunca puede suceder si φ es independiente de Γ. Por tanto, en el fondo la imposibilidad de añadir fórmulas independientes de Γ a Γ nos dice que ninguna fórmula de su lenguaje lo es. O, en otras palabras, que para toda sentencia φ de su lenguaje, $\Gamma \models \varphi$ o $\Gamma \models \neg\varphi$.

Según el propio Zach (1999), Hilbert pasó de la completud de los modelos a la "Post completud" de la lógica proposicional[19]. No obstante, que la lógica proposicional sea Post completa no significa que para toda sentencia φ de su lenguaje, $\models \varphi$ o $\models \neg\varphi$, porque es simplemente falso que cualquier fórmula de la lógica proposicional sea una tautología o lo sea su negación (considérese, por ejemplo,

---

[19]La Post completud de la lógica proposicional fue probada por primera vez por Hilbert (1917/18, pp. 157-58).

el literal p). Análogamente, tampoco significa que sea imposible añadir una fórmula independiente p a los axiomas del cálculo de enunciados sin que el conjunto resultante sea insatisfacible, ya que de hecho lo es (en efecto, los axiomas del cálculo de enunciados son siempre verdaderos y existe una asignación g tal que $g(\Gamma) = V$). Sin embargo, Hilbert afirma que la lógica proposicional es Post completa (*"Vollständigkeit in dem schärferen Sinne"*), puesto que será imposible añadir una fórmula no deducible a los axiomas del cálculo de enunciados sin obtener una contradicción[20]. Pero es obvio que esto contradice lo dicho anteriormente. ¿Qué es lo que demuestra, pues, la prueba de que la lógica proposicional es Post completa?

La Post completud de la lógica proposicional establece que el conjunto de las tautologías (en adelante, VAL($\mathcal{L}_0$)), no puede ser extendido con fórmulas que no sean teoremas lógicos sin llegar a una contradicción. Para que esta contradicción se haga patente, es necesario que las letras proposicionales $p, q, r, \ldots$ se entiendan como *letras esquemáticas* y no como fórmulas atómicas o que la regla de sustitución esté en el cálculo. Puesto que toda fórmula φ que no sea un teorema lógico es equivalente a una expresión en forma normal conjuntiva donde al menos uno de sus *sumandos*[21] no contiene letras proposicionales mutuamente contradictorias, añadir φ a los axiomas del cálculo de enunciados equivale, después de cierta simplificación, a añadir p. Y, aplicando la regla de sustitución, de VAL($\mathcal{L}_0$) $\cup \{p\}$ se deduce que $p \wedge \neg p$ (reemplazando p primero por p y después por $\neg p$). Por tanto, la lógica proposicional es Post completa (*Cf.*

---

[20] "Man kann aber auch den Begriff der Vollständigkeit schärfer fassen, so dass ein Axiomensystem nur dann vollständig heisst, wenn durch die Hinzufügung einer bisher nicht ableitbaren Formel zu dem System der Grundformeln stets ein Widerspruch entsteht" (Hilbert y Ackermann, 1928, p. 839).

[21] Una fórmula está en *forma normal conjuntiva* si es una conjunción de cláusulas, cada una de las cuales es una disyunción de literales. Hilbert llamaba "sumandos" a las cláusulas de la conjunción.

Glosario: completud de Post).

Pensando de nuevo en las letras proposicionales como fórmulas atómicas y no como letras esquemáticas, en el fondo lo que establece la Post completud de la lógica proposicional no es que $VAL(\mathcal{L}_0) \cup \{p\}$ sea contradictorio (o sea, que $VAL(\mathcal{L}_0) \cup \{p\}$ sea insatisfacible), sino que $p \notin VAL(\mathcal{L}_0)$. Es decir, que no hay ninguna fórmula φ tal que φ no es un teorema lógico y sí una tautología. Así, es imposible extender $VAL(\mathcal{L}_0)$ con fórmulas que no sean teoremas lógicos sin que el conjunto resultante ya no sea $VAL(\mathcal{L}_0)$, lo cual implica que $VAL(\mathcal{L}_0)$ es, en cierto sentido, un conjunto *maximal* (el conjunto resultante es una *teoría*). En otras palabras, la clase de fórmulas válidas de la lógica proposicional no puede ser extendida añadiendo fórmulas que no son teoremas lógicos (por el contrario, la clase de fórmulas válidas de la lógica de segundo orden sí que podrá ser extendida con fórmulas[22] que no lo son).

Es importante advertir, además, que a partir de la Post completud de la lógica proposicional se prueba fácilmente su completud débil (o sea, que toda tautología es un teorema lógico). Supongamos que φ no es un teorema lógico, pero sí una tautología. Si añadiésemos φ a $VAL(\mathcal{L}_0)$, entonces $VAL(\mathcal{L}_0)$ sería extendido con una fórmula que no es un teorema lógico. Por la Post completud de $VAL(\mathcal{L}_0)$, de $VAL^*(\mathcal{L}_0)$ se sigue una contradicción, o sea, cualquier fórmula. Y, puesto que las reglas de inferencia son *correctas*[23], la validez de $VAL^*(\mathcal{L}_0)$ se preserva y cualquier fórmula es válida, lo cual es absurdo. Por tanto, no existe ninguna fórmula que sea váli-

---

[22]Una fórmula válida de la lógica de segundo orden (con semántica estándar) que no es un teorema lógico es $\models_{SS} \Pi \rightarrow g$, donde Π son los tres primeros axiomas de Peano y g es la fórmula de Gödel.

[23]La corrección (*"Widerspruchslosigkeit"*) de la regla de sustitución y del *modus ponens* (los así llamados "axiomas materiales") se prueba antes que la Post completud y que la completud débil. *Cf.* Hilbert (1917/18, p. 157).

da y que, al mismo tiempo, no sea un teorema lógico. De ahí se sigue, naturalmente, que toda tautología es un teorema lógico. En términos conjuntistas, diremos que $\mathrm{VAL}(\mathcal{L}_0) \subseteq \mathrm{TEO}(\mathcal{L}_0)$.

Por otro lado, es obvio que la Post completud dice lo mismo de $\mathrm{VAL}(\mathcal{L}_0)$ que el axioma de completud de los números reales. En efecto, si la estructura $\mathfrak{A}' = \langle \mathbb{R}, 0, 1, +, \cdot, < \rangle$ no puede ser extendida sin que algún axioma de $Th(\mathfrak{A}')$ sea falso, $\mathrm{VAL}(\mathcal{L}_0)$ no podrá serlo sin que el conjunto resultante ya no sea la clase de fórmulas válidas de la lógica proposicional[24]. Mancosu y cols. (2009) defienden que la noción de Post completud de una teoría surge directamente de la completud de los reales, solo que ahora no vendría dada por un axioma, sino que se trataría de una propiedad a demostrar. ¿Qué razones motivaron a Hilbert a dar ese paso desde el axioma de completud a la Post completud? Y, si en la *Doppelvortrag* de Husserl ya se hacía referencia a teorías "maximales" (y no solo a dominios absolutamente definidos), ¿estaban ya esas razones en la propia *Doppelvortrag*?

2.3.2. La completud como teorema en la *Doppelvortrag*

Como vimos en la introducción de este capítulo, Zach (1999) sostenía que no podía dar respuesta a la importante –e interesante– cuestión de *cuándo* y *cómo* ocurrió el paso desde la completud de los modelos a la pregunta por la completud de las teorías. Sin embargo, sí que propone, de forma provisional y tentativa, dos razones que lo explicarían. En primer lugar, Zach sugiere que Hilbert

---

[24] "If we take into account that the "elements" described by an axiom for propositional logic are propositions, then Post completeness says about propositions exactly the same thing that the completeness axiom says about the reals" (Zach, 1999, p. 354).

y Bernays habrían llegado a la conclusión de que la completud no es un axioma más, sino que debe obtenerse como un teorema *metamatemático*. Otra posibilidad es que Hilbert reparara en que el axioma de completud afirma sobre los reales lo mismo que la Post completud dice acerca de las tautologías (*Cf.* Zach (1999, p. 354)).

Puesto que mi propuesta es que el concepto de teoría "absolutamente definida" está anticipando informalmente tres posibles maneras en las que, de acuerdo con Carnap, una teoría puede ser "completa", una objeción inmediata es que en 1901 solo los modelos eran considerados completos. Para responder a esta crítica, argumentaré que las dos razones conjeturadas por Zach para explicar el paso desde una completud a otra en la obra de Hilbert están ya en Husserl, en su *Doppelvortrag*. Es decir, que Husserl en 1901 defendía que la completud debía ser un teorema y no un axioma y, al mismo tiempo, que era tanto una propiedad de los modelos (o sea, de los "dominios") como de las teorías.

La evidencia textual a favor de que Husserl consideraba que la completud debía ser un teorema y no un axioma es fácil de encontrar. Así, hay un pasaje en la *Doppelvortrag* donde él asegura que "on my view, completeness is never an axiom –but rather a theorem" (Husserl, 2003, p. 426). Aunque este pasaje no ha sido especialmente citado en la literatura especializada, Hartimo (2018) comenta que Husserl era bastante crítico con el axioma de completud[25]. De hecho, los conceptos de teoría absoluta y relativamente definidas se formulan en la *Doppelvortrag* solo después de haber discutido el método axiomático de Hilbert en geometría (*Cf.* Husserl (2003, pp. 425-26)).

---

[25] "The definitions of the relative and absolute definite axiom systems are given in the context of discussing Hilbert's approach. Husserl, critical of Hilbert's axiom of completeness, writes that completeness should not be an axiom, but a theorem" (Hartimo, 2018, p. 1521).

Por tanto, parece que, ya en 1901, Husserl estaba disconforme con que la completud se obtuviera mediante la adición de un nuevo axioma de carácter "metalógico". Si esta disconformidad con el axioma de completud es la razón que motivó el paso desde la completud de los modelos a la completud de las teorías en la obra de Hilbert, entonces habrá que concluir que también pudo hacerlo en la obra de Husserl. Y, dado que Husserl ya desconfiaba del axioma de completud en 1901, resulta plausible pensar que ese paso se produjo en la *Doppelvortrag*.

Ahora bien, si el paso desde la completud de los modelos a la completud de una teoría se dio en la *Doppelvortrag*, entonces Husserl no solo hablará de dominios "absolutamente definidos", sino también de teorías "absolutamente definidas". Esto es, habrá dominios "definidos" y también teorías "definidas". "Completeness is never an axiom –but rather a theorem, for definite axiom systems and manifolds" (Husserl, 2003, p. 426). Husserl creía, entonces, que la completud era un (meta)teorema que se podía probar para las teorías y dominios que están definidos. Pero, ¿en qué sentido pueden ser maximales una "esfera de objetos" y una colección de proposiciones formales?

Antes decíamos que otra posible explicación del paso de un sentido a otro de completud es que Hilbert se diera cuenta de que el axioma de completud afirma de los reales lo mismo que la Post completud de la clase de tautologías. En el caso de Husserl, vimos que los dominios absolutamente definidos eran, a diferencia de los que lo están solo relativamente, *continuos*. Esto significaba que no tenían huecos, o sea, que no era posible extenderlos (como sí hacemos con los números racionales) sin que alguno de sus axiomas se vuelva falso. Si pensamos en una colección de proposiciones formales "continua", sin huecos, la idea intuitiva es que no podrá añadirse ninguna más sin que tengamos una contradicción:

> If a manifold is absolutely definite, then there is, in general, no further axiom which could be added to the axioms (Husserl, 2003, p. 426).

> Definite? I cannot add to the "axioms", i.e., to the forms of basic principles hypothetically taken for a basis, any new "axiom", any new statement of substance, without evoking a contradiction (Husserl, 2003, p. 426).

Así pues, que una teoría esté "absolutamente definida" afirma *de la teoría* lo mismo que nos dice *de un dominio* que esté "absolutamente definido", esto es, que no es extendible. En el primer caso, es imposible añadir más fórmulas sin contradicción; en el segundo, lo es añadir más números. Por el contrario, una teoría que esté "relativamente definida" es *discontinua*, porque, al igual que un dominio "relativamente definido", sí puede ser extendida:

> An axiom system is relatively definite if, for its domain of existence it indeed admits of no additional axioms, but it does admit that for a broader domain the same, and then of course also new, axioms are valid (Husserl, 2003, p. 426).

Es obvio, pues, que hay una analogía muy clara entre dominios y teorías. Al igual que teníamos dominios continuos (los números reales) y discontinuos (los racionales), existen teorías absolutamente definidas (que no admiten más axiomas) y teorías relativamente definidas (que sí lo hacen). Por tanto, vemos que en la *Doppelvortrag* Husserl está atribuyendo "maximalidad" a modelos y a teorías, por lo que el paso desde la completud de los modelos a la completud de una teoría estaría ya dado en 1901.

2.3.3. Sobre el concepto de "compacidad"

Si la conclusión de la sección precedente era que el concepto de una teoría "absolutamente definida" pudo haber surgido por analogía con la continuidad de la recta real, en esta comentaré (para apoyar mi argumento) los principales hallazgos de Dawson (1993) en lo que respecta a la relación que hay entre la compacidad en topología y el concepto metalógico de compacidad. Empezaré por explicar qué significa en lógica matemática que un conjunto de sentencias sea "compacto".

Un conjunto de sentencias es compacto[26] si se da la condición de que este conjunto tiene un modelo syss cada subconjunto finito suyo tiene un modelo. Piénsese, por ejemplo, en el lenguaje de la aritmética $\{c, f^1, g^2, h^2\}$ enriquecido con una constante individual k y considérse el conjunto $\Gamma = \{\mathbf{PA}^2, k \neq 0, k \neq 1, ...\}$. Obviamente, el subconjunto $\mathbf{PA}^2$ tiene un modelo, $\mathfrak{N} = \langle \mathbb{N}, 0, S, +, \cdot \rangle$. De hecho, cualquier subconjunto finito Γ_0 tiene un modelo, ya que basta con que la denotación de k sea un número mayor que todos los del subconjunto. Así, si $\Gamma_0 = \{\mathbf{PA}^2, k \neq 0, k \neq 1\}$, entonces $Mod(\Gamma_0) = \mathfrak{N}' = \langle \mathbb{N}, 0, 2, S, +, \cdot \rangle$, donde $k^{\mathfrak{N}'} = 2$. El conjunto Γ, por el contrario, no puede tener ningún modelo, porque si lo tuviera la denotación de k no sería ningún número natural (sino, más bien, uno *no estándar*[27]), lo cual contradice la categoricidad de $\mathbf{PA}^2$. De ahí que Γ no sea un conjunto compacto (y que, en consecuencia, la lógica de segundo orden no sea compacta).

El teorema de compacidad fue demostrado para la lógica de

---

[26] "The *compactness theorem*: If every finite subset of a set of sentences has a model, the whole set has a model" (Boolos y cols., 2002, p. 279).

[27] "The existence of non-standard models of arithmetic was discovered by Skolem in the thirties, but for many years they received not much attention. In fact, they were used only as pathological counterexamples" (Manzano, 1996).

primer orden por Gödel (1930) con el nombre de "Teorema X^{28}". Dawson (1993) ha advertido que este teorema no aparece en Gödel (1929) y, a diferencia de lo que es habitual hoy en día, la compacidad no se obtiene como un corolario de la completud, sino que en Gödel (1930) se trata de un *lema* que utilizará en el desarrollo de la prueba. Curiosamente, hasta la tesis doctoral de Henkin (donde la compacidad sí es obtenida como corolario de la completud) solo el ruso Maltsev pareció reconocer la importancia de la compacidad (*Cf.* Dawson (1993, pp. 18-20)).

Por otra parte, Dawson (1993, p. 26) apunta que, en 1898, el matemático Borel probó la versión numerable del teorema de Heine-Borel, que determina que un intervalo cerrado y acotado será compacto^{29}. Por ejemplo, el intervalo $[0, 1]$ es compacto, ya que es cerrado y acotado; los intervalos $(2, 4)$ y $(-\infty, 2]$, en cambio, no lo son, pues el primero es abierto y el segundo no está acotado. Más adelante, Alexandroff y Urysohn generalizaron una definición previa de Fréchet para establecer que un espacio es "bicompacto" si todo recubrimiento abierto suyo tiene un subrecubrimiento finito (*Cf.* Dawson (1993, pp. 26-27)). Como explica el propio Dawson, en topología se parte de un conjunto infinito que recubre a un intervalo cerrado y se busca reducirla *no constructivamente* a un subrecubrimiento finito particular. En lógica, la satisfacibilidad de cierto conjunto infinito de sentencias, puesta en duda, se reduce a la satisfacibilidad de cada uno de sus subconjuntos finitos.

Así, la idea intuitiva que conecta al concepto de compacidad en lógica y matemáticas es la de reducir un conjunto infinito de entidades (de sentencias o de recubrimientos) a sus "partes" finitas.

---

^{28}"Satz X: *Damit ein abzählbar unendliches System vor Formeln erfüllbar sei, ist notwendig und hinreichend, dass jedes endliche Teilsystem erfüllbar ist*" (Gödel, 1930, p. 358).

^{29}*Cf.* Jahnke (2003, p. 186).

Pero, más allá de esta intuición, Dawson (1993, pp. 27-28) también
sostiene que Tarski buscaba una conexión más profunda entre el
concepto topológico de bicompacidad y su contraparte metalógica,
que él llamó "compacidad". Durante la década de 1950, demostró
compacidad de diferentes formas mientras estudiaba las relaciones
de fondo entre álgebra, lógica y topología. A este respecto, el principal antecedente es, sin duda, Stone (1934) (quien investigó las
álgebras de Boole desde un punto de vista topológico), destacando
posteriormente Beth (1954) (con sus pruebas topológicas de los teoremas de compacidad, Löwenheim-Skolem y completud) y Henkin
(1954) (quien mostró que el teorema de compacidad para la lógica
de primer orden es equivalente al "Boolean Prime Ideal Theorem").
Aunque estos resultados exceden los límites del presente trabajo,
podríamos concluir con Dawson que:

> Though –most surprisingly in view of his long-standing
> interest in applying logical methods to mathematical
> problems- Tarski recognized the power and utility of
> the compactness theorem no sooner than his contempo-
> raries, when he finally did so it was with full unders-
> tanding of the deeper (topological) significance of the
> result (Dawson, 1993, p. 28).

Es decir, el teorema de compacidad y la noción topológica de
compacidad se desarrollaron paralelamente, de tal modo que una y
otra noción solo fueron comprendidas en su auténtica dimensión en
la década de 1950 (esto es, cuando las herramientas matemáticas
necesarias para ello estuvieron disponibles). De la misma manera, es
bastante implausible que en 1901 Husserl tuviera plena conciencia
de las implicaciones modelo-teoréticas que tenían los conceptos de
"teoría completa" o de "Hilbert completud" (y este es el motivo por
el que no cabe esperar que su solución al problema de los números
ideales nos resulte satisfactoria). Sí parece cierto, no obstante, que

muchas de nuestras nociones metalógicas son análogas a conceptos matemáticos y que, en ocasiones –como sucede en el caso de la compacidad-, estas analogías revelan semejanzas más profundas.

2.4. Conclusiones

En este capítulo, hemos visto que la completud también es una propiedad de los modelos, no solo de las teorías. En particular, Carnap llamaba "modelo maximal" al modelo de una teoría que no podía ser extendido y seguir siendo tal. Si todos los modelos de una teoría son maximales, entonces la teoría será "Hilbert completa", lo cual ocurre en cualquier teoría que contenga el axioma de completud. Este axioma sirvió para caracterizar el cuerpo ordenado de los números reales frente a los racionales, pues los primeros son, en tanto que no tienen *huecos*, "Dedekind completos" (tienen la propiedad de la mínima cota superior). A pesar de que Hilbert también considera en 1899 una completud "casi-empírica" (esto es, la idea intuitiva de que las reglas de inferencia deben ser *suficientes* para derivar todas las verdades de cierto ámbito), lo cierto es que él no habla ni en los *Grundlagen* ni en "Über den Zahlbegriff" de teorías maximales. La pregunta es, entonces, cómo explicar que Husserl sí lo hiciera en 1901, introduciendo los conceptos de "dominio absolutamente definido" (para hacer referencia a las secuencias *continuas* de números o pares de números) y de "teoría absolutamente definida".

Según Zach, hay dos razones que explicarían ese paso desde la completud de los modelos a la completud de las teorías en la obra de Hilbert. En primer lugar, que él y Bernays llegaran a la conclusión de que la completud no debía postularse como axioma, sino demostrarse como (meta)teorema. En segundo lugar, que Hilbert reparara en que el axioma de completud decía de los reales lo mismo que la Post completud de las fórmulas. Más arriba he mostrado que ambas posibilidades se dan en la *Doppelvortrag*. Pues, en efecto, Husserl era contrario al axioma de completud, ya que afirmaba explícitamente que debía ser un (meta)teorema de las teorías "absolutamente definidas". Además, define estas teorías como aquellas que no pueden ser extendidas añadiendo más axiomas, lo cual conecta este concepto con la continuidad de la recta real. Del mismo modo, la noción metalógica de compacidad también se desarrolló en paralelo a la noción topológica, poniendo de manifiesto que con frecuencia las relaciones entre metalógica y matemáticas son más profundas de lo que parece a primera vista.

Capítulo 3

Teorías absolutamente definidas: categoricidad, no bifurcabilidad y decidibilidad

3.1. Introducción

En la segunda edición de *Einleitung in die Mengenlehre*, Fraenkel (1923) distinguía entre completud como categoricidad y completud en el sentido de decidibilidad (*Cf.* Glosario: decidibilidad). Mancosu y cols. (2009) comentan que Weyl (1927) discutía ambas nociones, pero que finalmente solo aceptó la completud como categoricidad –pues la idea de que $\Gamma \models \varphi$ o $\Gamma \models \neg\varphi$ asume implícitamente el tercio excluso. En la tercera edición de esta obra, Fraenkel (1928) introducirá un tercer sentido de completud, a saber: completud como no bifurcabilidad (*Cf.* Glosario: bifurcabilidad). Así, en 1928 Fraenkel ofrecía tres definiciones de completud:

La completud de un sistema de axiomas requiere que abarque y gobierne la totalidad de la teoría basada en ellos, de tal manera que toda cuestión que pertenezca a ella y pueda ser formulada en términos de las nociones básicas de la misma sea respondida, de una manera u otra, a partir de inferencias desde los axiomas [...]

Por tanto, el problema de la completud puede plantearse de la siguiente manera: sea φ una proposición relevante con respecto a un sistema de axiomas. El sistema se llama completo si, más allá de si de hecho tenemos éxito en deducir la verdad o falsedad de φ o en garantizar su deducibilidad, *solo* la verdad *o bien* la falsedad de φ –pero no ambas posibilidades- es compatible con el sistema [...]

Un sistema de axiomas se llama completo –también categórico (Veblen) o monomórfico (Feigl-Carnap)- si determina *formal e inequívocamente* los objetos matemáticos a los que se refiere, incluidas las relaciones básicas; de tal manera que la transición entre dos realizaciones diferentes puede establecerse mediante una asignación inequívoca e isomorfa[1] (Fraenkel, 1928, pp. 347-49).

---

[1] "Am nachsten liegt die Auffassung, wonach Vollständigkeit eines Axiomensystems erfordert, dass dieses die gesamte durch das System zu begründende Theorie umfasse und beherrsche, derart, dass jede in die Theorie einschlagige und mittels ihrer Grundbegriffe ausdrückbare Frage durch deduktive Schlüsse aus den Axiomen im einen oder anderen Sinn zu beantworten sein müsse [...]
Wird man das Problem der Vollständigkeit also folgendermassen stellen können: φ sei eine in das Axiomensystem einschlägige Aussage; gleichviel ob es gelingen mag, die Richtigkeit oder Falschheit von φ aus dem System zu deduzieren oder eine solche Deduzierbarkeit auch nur theoretisch sicherzustellen, so soll jedenfalls nur *entweder* die Richtigkeit *oder* die Falschheit von φ –nicht aber jede dieser beiden Moglichkeiten- mit dem Axiomensystem vereinbar sein, wenn dieses als ,,vollständig" gelten soll [...]
Danach heisst ein Axiomensystem vollständig –auch kategorisch (VEBLEN) oder monomorph (FEIGL-CARNAP)- wenn es die ihm unterworfenen mathematischen Objekte samt den Grundrelationen *formal in eindeutiger Weise* festlegt; derart also, dass zwischen zwei verschiedenen Realisationen der Übergang durch eine umkehrbar eindeutige und isomorphe Zuordnung hergestellt

Como se advierte, la completud en el sentido de decidibilidad parece tener en Fraenkel (1928) una connotación sintáctica que no está en Carnap (2000), pues el primero apunta a una relación de consecuencia basada en inferencias a partir de los axiomas y Carnap definía la consecuencia en términos semánticos (*Cf.* Glosario: consecuencia). Este concepto de completud está estrechamente vinculado con el *Entscheidungsproblem.* Fraenkel defendía que a partir de una teoría de números completa se seguiría, por ejemplo, la conjetura de Fermat[2] o bien su negación como un teorema, lo cual conecta, evidentemente, con la convicción de Hilbert de que en matemáticas no hay *ignorabimus*[3]. Desde mi punto de vista, esta convicción también subyace a una de las maneras en que Husserl caracterizaba a las teorías que están "absolutamente definidas":

> "Absolutely definite: (1) [...] An axiom system is absolutely definite if every proposition meaningful according to it is decided in general" (Husserl, 2003, p. 427).

Por otro lado, la completud como no bifurcabilidad consiste básicamente, al igual que en Carnap (2000), en que todos los modelos de la teoría satisfagan las mismas sentencias. Esto es, y como vimos en el primer capítulo, una teoría es bifurcable en una sentencia φ si la teoría tiene al menos dos modelos, $\mathfrak{R}$ y $\mathfrak{S}$, tales que

---

werden kann" (Fraenkel, 1928, pp. 347-49; la traducción es mía).

[2]La conjetura de Fermat, formulada en 1637, afirma que no existen números enteros a, b y c tales que $a^n + b^n = c^n$ con $n > 2$. En 1995, fue demostrada por Andrew Wiles.

[3] "As an example of the way in which fundamental questions can be treated I would like to choose the thesis that every mathematical question can be solved. We are all convinced of that. After all, one of the things that attract us most when we apply ourselves to a mathematical problem is precisely that within us we always hear the call: here is the problem, search for the solution; you can find it by pure thought, for in mathematics there is no *ignorabimus*" (Hilbert, 1925, p. 384).

$\mathfrak{R}$ es modelo de φ y $\mathfrak{S}$ es modelo de $\neg\varphi$. Fraenkel (1928) ponía como ejemplo de teoría incompleta (en el sentido de "bifurcable") los cuatro primeros postulados de Euclides, porque estos se bifurcan en el quinto (en el axioma de las paralelas). El modelo que satisface a los cinco postulados es la geometría euclidiana; los modelos que satisfacen a los cuatro primeros *más* la negación del quinto son las no euclidianas. Así pues, cuando una teoría se bifurca en el fondo lo que está ocurriendo es que existe una sentencia φ tal que ella y su negación son compatibles con los modelos de la teoría. Por esta razón, Fraenkel (1928) afirmaba que una teoría es completa si, para toda cuestión que pertenezca a ella, solo la verdad o la falsedad de la misma es compatible con el sistema de axiomas. Husserl creía que las teorías que no están "absolutamente definidas" pueden ser extendidas, de modo que nuevas proposiciones son verdaderas en un dominio más amplio (el postulado de las paralelas y su negación extienden *el dominio* de los cuatro primeros):

> Absolutely definite: [...] (3) But this means that the manifold (the domain) cannot be broadened in such a way that the same axiom system is valid for the broadened manifold as was valid for the old one [...] Therefore in the broader domain, in addition to the old axioms, yet further propositions must be valid –and, indeed, propositions that are not mere consequences of the old axioms (Husserl, 2003, p. 427).

Es decir, los axiomas de una teoría que no esté absolutamente definida son compatibles con ciertas proposiciones "that are not mere consequences of the old axioms" (o sea, que son independientes de dichos axiomas). Esto significa que el nuevo dominio lo será de los axiomas antiguos *y* de la proposición que "bifurca" a la teoría (considérese los grupos que *además* son abelianos o los órdenes parciales que *además* son densos).

Finalmente, Fraenkel (1928) considera como tercer sentido de completud la categoricidad o "monomorfía" (*Cf.* Glosario: monomorfía). Es evidente que la definición de Fraenkel es esencialmente la misma que la actual: una teoría es categórica syss, para cada par de modelos $\mathfrak{R}$ y $\mathfrak{S}$ de la teoría, existe "una asignación inequívoca e isomorfa" h (es decir, un *isomorfismo*) desde $\mathfrak{R}$ hacia $\mathfrak{S}$. Esta definición también está en Carnap (2000). Por el contrario, Husserl no introduce en la *Doppelvortrag* el concepto de isomorfismo para explicar lo que es una teoría absolutamente definida. A pesar de ello, más abajo veremos que, en 1899, Hilbert pensaba que las teorías que incluyen entre sus axiomas al de completud tienen un único modelo. Del mismo modo, Husserl defendía que un dominio absolutamente definido será el único que satisface a todos los axiomas de una teoría. Es decir, si $\mathfrak{R}$ pertenece a la clase de modelos $\mathfrak{K}$ de Γ y $\mathfrak{R}$ está absolutamente definido, entonces $\mathfrak{R} = \mathfrak{K}$. Y –añade Husserl- Γ no podrá ser extendida:

> I call a manifold absolutely definite if there is no other manifold which has the same axioms (all together) as it has (Husserl, 2003, p. 426).

> Absolutely definite: [...](2) If it is not only "for the objects of the domain" (which gets its sense through the axioms already given) that no axiom can be added, but rather if no axiom can be added at all (Husserl, 2003, p. 427).

En este capítulo, argumento a favor de que los tres sentidos de completud (decidibilidad, no bifurcabilidad y monomorfía) que discutían Fraenkel (1928) y Carnap (2000) están contenidos *in nuce* en la idea husserliana de una teoría absolutamente definida. Para ello, no solo comentaré los pasajes pertinentes de la *Doppelvortrag*, sino que también trataré de vincular sus reflexiones con las de otros matemáticos que, alrededor de 1901, tenían intuiciones parecidas (en particular, con las de Veblen). Finalmente, mostraré que la conexión entre Husserl y Fraenkel (1928) y Carnap (2000) en lo que respecta a la completud como decidibilidad puede ser documentada, lo cual fortalece, en mi opinión, el principal argumento de este libro.

3.2.   Completud como categoricidad en Husserl

3.2.1.   Un ideal euclidiano y el concepto de isomorfismo

La interpretación del concepto de teoría "absolutamente definida" como *categoricidad* es común en la literatura especializada más reciente. Centrone (2010) y Hartimo (2018) son sus principales defensoras[4]. La razón que ambas ofrecen para sustentar esta interpretación es que en torno a 1901 el objetivo de la formalización de las teorías matemáticas era, justamente, garantizar su categoricidad. Es decir, con una teoría formalizada se pretendía describir sus modelos hasta el punto de que todos ellos fueran esencialmente el mismo (*Cf.* Centrone (2010, p. 194)). Hartimo (2018, p. 1518) apela al ideal que Tennant (2000) llama *monomatemáticas*. Según este ideal, que podría rastrearse hasta Euclides, una teoría debía ser capaz de describir sus modelos completamente, así como de

---

[4] "In the discussion above we have tried to give textual evidence for the claim that, according to Husserl, the property of categoricity belongs rather to those formal systems that are absolutely definite" (Centrone, 2010, p. 177).

"Centrone (2010) defends an interpretation of relative definiteness as syntactic completeness and absolute definiteness as categoricity. The present approach is in agreement with her account of absolute definiteness" (Hartimo, 2018, p. 1522).

responder –afirmativa o negativamente- a cualquier cuestión que
pudiera plantearse sobre los mismos. Una teoría absolutamente definida será, pues, una teoría que cumple la primera condición (sobre
la segunda condición, hablaremos más abajo).

En *Formale und transzendentale Logik*, la verdad es que Husserl
(1969) sí hablaba de un "ideal euclidiano". Sin embargo, ese ideal no
tiene que ver con la descripción de un dominio hasta el isomorfismo,
sino con la suposición de que este puede ser axiomatizado[5] por un
conjunto finito de proposiciones:

> If the *Euclidean ideal* were actualized, then the who-
> le infinite system of space-geometry could be derived
> from the irreducible finite system of axioms by purely
> syllogistic deduction [...] and thus the *apriori essence of*
> *space could become fully disclosed in a theory* (Husserl,
> 1969, p. 95).

Sea $Th(\mathfrak{A})$ el conjunto infinito de proposiciones que son verdaderas en el espacio geométrico $\mathfrak{A}$. Husserl sostiene que existe un
conjunto Δ de axiomas tal que Δ es finito e irreducible ("the irreducible finite system of axioms") a partir del cual podrían derivarse
todas las proposiciones de $Th(\mathfrak{A})$. Por tanto, "the *apriori essence*
of space could become fully disclosed in a theory". O, de otro modo,
$Th(\mathfrak{A}) = Cn(\Delta)$. Así, el ideal euclidiano que podemos atribuir a
Husserl y que habría guiado sus investigaciones en matemáticas no
era tanto la pretensión de describir cierto dominio hasta el isomorfismo, sino más bien que este pudiera ser *capturado* por un número
finito de proposiciones básicas[6].

---

[5] "To say that a structure $\mathfrak{A}$ is axiomatizable means that $Th(\mathfrak{A}) = Cn(\Delta)$,
for a certain Δ of decidable sentences" (Manzano, 1999, p. 128).

[6] De hecho, Da Silva (2013, p.133) argumenta que el concepto de "dominio
definido" (o "dominio matemático") se corresponde con la idea moderna de
estructura axiomatizable.

Por otra parte, como explica la propia Centrone (2010, p. 194), una teoría categórica debe identificar un único modelo hasta el isomorfismo. De ahí que, si "teoría absolutamente definida" significa "teoría categórica", entonces cabe esperar que Husserl desarrolle en la *Doppelvortrag* una noción de isomorfismo o de correspondencia uno-a-uno. Sin embargo, esto no es así. Hartimo (2017, pp. 252-53) admite que sin un concepto preciso de isomorfismo es muy difícil interpretar la idea husserliana de teoría absolutamente definida como categoricidad, pero afirma que tampoco podemos pensar que Hilbert sí que lo tenía. Giovannini (2013) ha mostrado, no obstante, que en este momento temprano Hilbert ya contaba con nociones relativamente exactas de isomorfismo y categoricidad:

> Evidencia al respecto puede encontrarse en el siguiente pasaje de las notas para el curso "Zahlbegriff und Quadratur des Kreises" Hilbert (1897): "Los axiomas definen unívocamente [*eindeutig*] un sistema de objetos, i.e., si se tiene otro sistema de objetos que satisface todos los axiomas anteriores, entonces los objetos del primer sistema son correlacionables uno–a–uno [*umkehbar eindeutig abbildbar*] con los objetos del segundo sistema" (Giovannini, 2013, p. 154).

Giovannini (2013) añade que en "Logische Principien des mathematischen Denkens", de 1905, ambos conceptos son caracterizados de forma incluso más precisa. Es más, antes de Hilbert y Husserl, en 1888 Dedekind habría probado la categoricidad de la teoría de los naturales (*Cf.* Dedekind (2013, Teoremas 132-33)). Por tanto, el hecho de que no encontremos en la *Doppelvortrag* una noción precisa de isomorfismo no puede justificarse aduciendo que esta idea no había sido formalmente delimitada en 1901. Más allá de la expresión que vimos más arriba de sistemas "correlacionables uno–a–uno", Mancosu y cols. (2009) afirman que la primera ocurrencia que pudieron encontrar del término "isomorfismo" entre dos sistemas arbitrarios está en Bôcher (1904). Por otro lado, es Huntington quien, en 1906, vincula "isomorfismo" y "categoricidad":

> Any two systems which satisfy all the postulates of that set will be *isomorphic* with respect to addition and multiplication. A set of postulates which is sufficient to determine a particular type of system in this manner has been called a *categorical* set of postulates (Huntington, 1906, p. 26).

En mi opinión, sin un concepto preciso de isomorfismo (que, como hemos visto, no era ajeno a matemáticos como Hilbert, Bôcher o Huntington) no se debería atribuir a Husserl la noción de "categoricidad" tal y como la usamos hoy. Mi sugerencia es, en cambio, que uno de los sentidos en que una teoría está "absolutamente definida" *anticipa* dicha noción. En la siguiente sección, defenderé que Husserl tenía la intuición de que el dominio de una teoría que estuviera absolutamente definida debía determinarse unívocamente. Al igual que Hilbert, él pudo pensar que esta determinación unívoca del dominio era una consecuencia inmediata de que este fuera no extendible.

3.2.2. El axioma de completud y la categoricidad

En *Ideas I*, un texto que fue escrito en 1913, Husserl insiste en la idea de un "dominio definido". Tras argumentar que el espacio geométrico tendría la notable propiedad lógica de *estar definido*, Husserl explicará en qué consiste dicha propiedad:

> Such a manifold is characterized by the fact that *a finite number of concepts and propositions* derivable in a

> given case from the essence of the province in question
> [...] *completely and unambiguosly determine to totality*
> *of all the possible formations belonging to the province,*
> so that, *of essential necessity, nothing in the province is*
> *left open* (Husserl, 2012, p. 163).

Como se ve, según Husserl a un dominio definido le corresponde un número finito de proposiciones y conceptos que determinan
"completely and unambiguosly" la totalidad de las operaciones definidas sobre el mismo. Así, el parecido entre esta definición y la
de "dominio absolutamente definido" en la *Doppelvortrag* es obvio.
"I call a manifold absolutely definite if there is no other manifold
which has the same axioms (all together) as it has" (Husserl, 2003,
p. 426). En *Ideas I*, Husserl añadirá que estos dominios están definidos *exhaustivamente*, lo cual implica que *"nothing in the province is*
left open", o sea, que en lo que respecta a los mismos ninguna operación queda abierta, indeterminada (*Cf.* Husserl (2012, p. 163)).
Si pensamos, por ejemplo, en la estructura $\mathfrak{A} = \langle \mathbb{N}, 0, S, +, \cdot, - \rangle$,
donde $-$ es la función parcial $f(x, y) = x - y$ que está definida
solo cuando $x \geq y$, entonces es evidente que esta operación queda "abierta, indeterminada", pues $f(x, y)$ no arroja ningún valor
cuando $x < y$. Por tanto, $\mathfrak{A}$ no está absolutamente definida[7].

Si alguna operación queda abierta, se requieren axiomas adicionales. "One new axiom is added which defines what was left
open" (Husserl, 2003, p. 449). En consecuencia –razonaba Husserl-,
la teoría de un dominio absolutamente definido (esto es, de un dominio cuyos axiomas determinan *unívocamente* sus operaciones) no
admitirá más axiomas: "Absolutely definite: [...](2) If it is not only
"for the objects of the domain" (which gets its sense through the

---

[7] "A 'definite' axiom system leaves for its operational substrate absolutely
nothing open with respect to the operations defined" (Husserl, 2003, p. 436).

axioms already given) that no axiom can be added, but rather if no axiom can be added at all" (Husserl, 2003, p. 427).

De esta manera, Husserl vincula el hecho de que un dominio sea descrito completa y unívocamente por una teoría con la imposibilidad de añadir más axiomas a la misma. Luego, si es imposible añadir más axiomas a una teoría, será que su dominio está exhaustivamente descrito. Y, ¿cuáles eran las teorías cuyo dominio no podía ser extendido sin contradicción? Aquellas que incluían al axioma de completud de Hilbert. Por tanto, las teorías que lo contienen (y que Husserl llamaba "absolutamente definidas") determinarán unívocamente su modelo (o sea, "su dominio").

La creencia de que una teoría cuyos modelos son maximales (*Cf.* Glosario: modelo maximal) *tiene un único modelo* está en la obra temprana de Hilbert y puede documentarse[8]. De hecho, como señala Giovannini (2013, p. 154), la inclusión del axioma de completud en el sistema de axiomas para los números reales, propuesto en "Über den Zahlbegriff", lo vuelve categórico. Es decir, el único modelo de los 18 axiomas de Hilbert será $\mathbb{R}$ –un cuerpo arquimediano, ordenado y "Dedekind completo"-, mientras que el modelo de los 17 primeros es cualquier cuerpo arquimediano ordenado –entre otros, $\mathbb{Q}$-. De igual modo, el sistema de axiomas de los *Grundlagen der Geometrie* también es categórico si añadimos el de completud. Ahora bien, el axioma de completud no siempre asegura categoricidad.

En efecto, Baldus (1928) mostró que, si tomamos la teoría de la geometría absoluta (esto es, una teoría sin el axioma de las paralelas) y le añadimos un axioma de continuidad análogo al de com-

---

[8] "Wie man erkennt, gibt es unendlich viele Geometrien, die den Axiomen I-IV, V,1 genügen, dagegen nur eine, nämlich die Cartesische Geometrie, in der auch zugleich das Vollständigkeitsaxiom V,2 gültig ist" (Hilbert, 1903, p. 20).

pletud[9], la teoría resultante no será categórica. Aunque ninguno de sus modelos puede ser extendido con nuevos puntos (o sea, todos son maximales), la geometría euclidiana y la hiperbólica son modelo suyo, a pesar de no ser isomorfas entre sí (*Cf.* Giovannini (2013, p. 155)). De ahí que el axioma de completud no garantice, necesariamente, categoricidad. Esto mismo es destacado por Mancosu, quien además añadirá que dicho axioma tampoco garantiza la completud de la teoría[10]. De hecho, este ejemplo también pone de manifiesto que una teoría cuyo modelo no tiene *huecos* (que es continuo, esto es, Dedekind completo) puede "'bifurcarse" en un nuevo axioma (la geometría absoluta, *más* un axioma de continuidad, en el quinto postulado).

En mi opinión, Husserl también pudo creer que las teorías absolutamente definidas tenían un único modelo, ya que el contraejemplo de Baldus (1928) llegó casi treinta años después. Eso explicaría por qué razón Husserl insistió tanto en el hecho de que las teorías absolutamente definidas no admiten más axiomas. De hecho, en el debate actual sobre Husserl, Da Silva (2016) critica la lectura de "teoría absolutamente definida" como categoricidad, señalando que el propósito del axioma de completud no era asegurar la isomorfía de sus modelos, sino la no extendibilidad de los mismos. Creo que en este punto Da Silva tiene razón, pues la univocidad del modelo (o del dominio, en términos de Husserl) se obtiene, como hemos visto, indirectamente[11] y sin un concepto de isomorfismo.

---

[9]Este axioma, que es lógicamente equivalente al de completud, es el *axioma de Cantor*. En 1872, Cantor formuló un principio geométrico en virtud del cual a cada número real le corresponde un punto en la recta (*Cf.* Giovannini (2013, p. 152).

[10]"Hilbert's completeness axioms do not in general guarantee the categoricity of the axiom systems, nor its completeness in the sense that the system proves or disproves every statement" (Mancosu, 2010, p. 497).

[11]"Aunque en el sistema de axiomas de Hilbert la función atribuida al axio-

En definitiva, argumentar sin ningún matiz que Husserl entendía que una teoría absolutamente definida es categórica parece una tesis demasiado fuerte. Es más verosímil pensar, por lo dicho anteriormente, que él y Hilbert tenían la intuición de que las teorías con modelos maximales (que ellos pensaron que no admitían ningún axioma adicional) determinarán unívocamente –"*completely and unambiguosly*"- dichos modelos (esto es, sus modelos son esencialmente el mismo).

3.2.3. La categoricidad en Veblen, Huntington y Carnap

Para reforzar la idea de que Husserl creía que un sistema de axiomas que esté absolutamente definido necesariamente tiene un único modelo, mostraré que Veblen (1904) también pensaba que el axioma de completud garantizaba la categoricidad de la teoría. Para explicar lo que significa que una teoría sea categórica, Veblen toma dos "clases de objetos", $\mathfrak{A}$ y $\mathfrak{A}'$, que satisfacen todos los axiomas de la misma. Para que la teoría sea categórica, debe ocurrir que exista una correspondencia uno-a-uno entre $\mathfrak{A}$ y $\mathfrak{A}'$, de tal manera que, para cualesquiera tres elementos a, b, c de $\mathfrak{A}$, si estos tres elementos están el orden abc, entonces los correspondientes elementos de $\mathfrak{A}'$ están en $a'b'c'$ (*Cf.* Veblen (1904, p. 346)). A continuación, Veblen asegura que la categoricidad es la idea a la que está apuntando el axioma de completud de Hilbert: "The categorical property of a system of propositions is referred to by Hilbert in his "Axiom der

---

ma de completitud es asegurar la categoricidad del sistema, ella no es sin embargo la función que este axioma debe desempeñar necesariamente. Más bien, colocar al axioma de completitud como el último axioma del sistema axiomático, encubre en cierto modo su verdadera función en el sistema de axiomas" (Giovannini, 2013, p. 156).

Vollständigkeit", which is translated by Townsend into "Axiom of Completeness"" (Veblen, 1904, p. 346).

Como señalan Mancosu y cols. (2009), en este punto Veblen malinterpreta el axioma de completud y sus consecuencias[12]. Pues, en efecto, una teoría que contenga el axioma de completud (o, en general, un axioma de continuidad) no cumple necesariamente la condición de que, para cada par de modelos $\mathfrak{A}$ y $\mathfrak{A}'$ de la teoría, haya una correspondencia uno-a-uno entre $\mathfrak{A}$ y $\mathfrak{A}'$ (piénsese, de nuevo, en el contraejemplo de Baldus (1928)). Así, parece que, a principios del siglo XX, Hilbert no era el único que creía que asegurar la *no extendibilidad* de un sistema de objetos garantizaba que este podía ser descrito por una sola teoría, hasta el punto de que cualquier otro sistema que "hiciera verdaderos" sus axiomas puede –dirá Veblen– ponerse en correspondencia uno-a-uno con el modelo deseado.

Curiosamente, Veblen (1904) introduce el concepto de "teoría categórica" como una forma de escribir, "in more exact language", la siguiente intuición: "It is part of our purpose however to show that there is *essentially only one* class of which the twelve axioms are valid" (Veblen, 1904, p. 346).

Es evidente que esta intuición también está en la *Doppelvortrag*: "I call a manifold absolutely definite if there is no other manifold which has the same axioms (all together) as it has" (Husserl, 2003, p. 426). Esto es, para Husserl y para Veblen algunas teorías tienen un único modelo (según el primero, son las "absolutamente defini-das"; para el segundo, se trata de las "categóricas"). En 1904, pues, Veblen expresa en términos formales (de correspondencia uno-a-uno) una intuición que recoge el concepto de teoría absolutamente

---

[12] "Finally, later in the section Veblen claims that the notion of categoricity is also expressed by Hilbert's axiom of completeness as well as by Huntington's notion of sufficiency. In this he reveals an inaccurate understanding of Hilbert's completeness axiom and of its consequences" (Mancosu y cols., 2009, p. 14).

definida, de 1901.

Por otro lado, Huntington (1902) explica que hay sistemas de *postulados* que cumplen la condición de que, si $\mathfrak{B}$ y $\mathfrak{B}'$ son dos "colecciones de objetos" (*"assemblages"*) que satisfacen todos ellos, entonces $\mathfrak{B}$ y $\mathfrak{B}'$ pueden llevarse a una correspondencia uno-a-uno, de tal manera que $a \circ b$ corresponderá con $a' \circ b'$ siempre que a y b de $\mathfrak{B}$ correspondan, respectivamente, con a' y b' de $\mathfrak{B}'$. Lo interesante es que Huntington dice que los sistemas que cumplen esta condición son suficientes para definir un conjunto de objetos (*Cf.* Huntington (1902, p. 277)). Que sean suficientes para describir unívocamente su modelo implica, naturalmente, que no hace falta añadir ninguno más, pues basta con ellos. De este modo, Huntington vincula, al igual que Husserl, la descripción "exhaustiva" del modelo de una teoría con la imposibilidad de añadir nuevos axiomas a la misma. "Absolutely definite: [...] no axiom can be added at all" (Husserl, 2003, p. 427).

Vimos en el primer capítulo que Carnap definía una teoría "monomórfica" (categórica) como una teoría f tal que, para cualesquiera modelos $\mathfrak{R}$ y $\mathfrak{S}$ de f, hay un isomorfismo desde $\mathfrak{R}$ hacia $\mathfrak{S}$ (*Cf.* Glosario: monomorfía). Una vez establecida esa definición, Carnap enumera algunas de las consecuencias que se siguen del hecho de que una teoría sea monomórfica. Entre ellas, quisiera destacar la siguiente:

> Teorema 3.2.3. Que una teoría sea *formal* y *monomórfica* es equivalente a que su extensión consista exactamente en una clase isomórfica[13] (Carnap, 2000, p. 129).

Esto es, al igual que las absolutamente definidas, las teorías monomórficas tienen esencialmente un único modelo, ya que esto es lo

---

[13] "Satz 3.2.3. Dass ein Axiomensystem *formal* und *monomorph* ist, ist äquivalent damit, dass sein Umfang aus genau einer Isomorphieklasse besteht" (Carnap, 2000, p. 129).

mismo que decir que la clase de modelos de f es isomórfica. Por tanto, Husserl conecta con Carnap en este punto, aunque es cierto que el primero lo toma (erróneamente) como una consecuencia de la no extendibilidad del universo del modelo, mientras que el segundo lo hace (acertadamente) como una consecuencia de que pueda establecerse entre los modelos de la teoría una correspondencia uno-a-uno que preserve las operaciones y relaciones definidas sobre los mismos. Esta manera de pensar también conecta a Carnap con Veblen y con Huntington, al punto de que el concepto de ismorfismo que introduce en Carnap (2000) es bastante parecido al de ambos.

Para Carnap, el isomorfismo se establece entre dos relaciones o, más bien, entre la extensión de dos relaciones que tengan la misma aridad (homogéneas) y el mismo tipo. Así, si cierto par ordenado $\langle a, b \rangle$ pertenece a la extensión de una relación P de tipo $\langle 00 \rangle$ y Q es isomorfa a P, entonces $\langle a', b' \rangle$ pertenecerá a la extensión de Q, donde $a' = S(a)$ y $b' = S(b)$ (y S es un ismorfismo desde la extensión de P hacia la extensión de Q):

> Definición 1.6.1. Dos relaciones n-arias homogéneas P, Q se llaman "isomorfas" (la una con la otra) si hay un "correlación(-isomórfica)" S entre P y Q, es decir, una relación que asigna al P-miembro el Q-miembro, de tal modo que a una P-n-tupla siempre le corresponda una Q-n-tupla y viceversa[14] (Carnap, 2000, p. 71).

De hecho, cuando Carnap está introduciendo los tres posibles significados de completud de una teoría cita, en una nota al pie,

---

[14] "Definition 1.6.1. Zwei homogene n-stellige Relationen P, Q heissen ,,isomorph" (mit einander), wenn es einen ,,(Isomorphie-)Korrelator" S zwischen P und Q gibt, d. h. eine Relation, die die P-Glieder den Q-Gliedern eineindeutig so zuordnet, daft einem P-n-tupel stets ein Q-n-tupel entspricht und umgekehrt" (Carnap, 2000, p. 71).

Para una definición de isomorfismo en el lenguaje de la teoría simple de tipos, *Cf.* Carnap (2000, p. 72).

a Veblen y a Huntington, tomando como equivalentes los términos "monomorfía", "categoricidad" (de Veblen[15]) y "suficiencia" (de Huntington) (*Cf.* Carnap (2000, p. 128)). Y, del mismo modo, en la tercera edición de *Einleitung in die Mengenlehre*, Fraenkel también tomaba como equivalentes "monomorfía" y "categoricidad", citando a Carnap y Veblen (*Cf.* Fraenkel (1928, p. 349)). De ahí que la conexión entre Carnap y Huntington y Veblen no sea solo teórica, conceptual, ya que puede documentarse con evidencia textual.

En resumen, y aunque sea incorrecto afirmar que "teoría absolutamente definida" significa "teoría categórica" porque en la *Doppelvortrag* no se define un concepto de isomorfismo, hemos visto que la intuición de que dicha teorías tienen esencialmente un único modelo está en quienes plantearon la idea y el término "categoricidad" (Huntington y Veblen) y también en Carnap (quien lo identificó con uno de los posibles sentidos de la completud). Por esta razón, creo que la noción de teoría *absolutamente definida* apunta, a pesar de todos sus defectos formales, a la idea de una teoría categórica o monomórfica (que, por otro lado, no era algo impensable en torno a 1901).

---

[15]Tarski (1925, p. 148) habla de sistema categórico "en el sentido de Veblen-Huntington".

3.3. Completud como no bifurcabilidad en Husserl

3.3.1. Proposiciones independientes y no bifurcabilidad

A diferencia de otras nociones, como la de categoricidad o la de completud de una teoría, entender que una teoría absolutamente definida es una teoría "no bifurcable" es, al menos respecto a las fuentes consultadas, una propuesta propia. Una teoría es no bifurcable si todos sus modelos satisfacen las mismas sentencias (*Cf.* Glosario: bifurcabilidad). En esta sección, trataré de explicar por qué una teoría Γ a la que no pueda añadirse un axioma *independiente* (o sea, que esté absolutamente definida[16]) no es bifurcable. En la *Doppelvortrag*, Husserl afirma que una teoría que no admita más axiomas sin contradicción es una teoría tal que, para toda sentencia φ de su lenguaje, solo la verdad o la falsedad de φ es compatible con sus axiomas:

> An axiom system that delimits a domain is said to be "definite" if every proposition intelligible on the basis of the axiom system, understood as a proposition of the domain, is either true on the basis of the axioms or false on the basis of them [...]

> Equivalent to this, once again, is the following crucial statement: An axiom system is definite if it delimits an object domain as existing, and indeed in such a way that for that domain no new axiom (deductively independent of the axiom system) is possible (Husserl, 2003, p. 438).

---

[16] "Inasmuch as it is definite it determines a sphere of objects of operation so complete that those objects of operation permit no new axioms deductively distinct from the ones already given" (Husserl, 2003, p. 436)

Esto es, sostener que no hay ninguna proposición del lenguaje de la teoría que sea independiente de los axiomas de la misma es equivalente a decir que toda proposición "intelligible on the basis of the axiom system" es verdadera o falsa sobre la base de dichos axiomas. Esta equivalencia también estará en Fraenkel (1928), pues él creía que las teorías que no cumplen dicha condición pueden considerarse "incompletas":

> En suma, un grupo de proposiciones que son contradictorias entre sí, y que naturalmente no serán nunca consecuencias deducibles del mismo sistema de axiomas, pueden, no obstante, ser compatibles individualmente con ese sistema [...] Un sistema de axiomas tal puede ser descrito correctamente como incompleto [...] El sistema se llama completo si, más allá de si de hecho tenemos éxito en deducir la verdad o falsedad de φ o en garantizar su deducibilidad, *solo* la verdad *o bien* la falsedad de φ –pero no ambas posibilidades- es compatible con el sistema[17] (Fraenkel, 1928, pp. 347-48).

Piénsese, de nuevo, en la geometría absoluta. Obviamente, si el cálculo es correcto –si me puedo fiar de él- lo que nunca va a ocurrir es que el axioma de las paralelas y su negación se deduzcan de los cuatro primeros. No obstante, estos postulados son compatibles tanto con la verdad del quinto como con su falsedad, ya que la geometría absoluta es la parte común a las euclidianas y a las no

---

[17] "Kurz: mehrere einander widersprechende Aussagen, die natürlich niemals beweisbare Folgen eines und desselben Axiomensystems sind, konnen dennoch jede für sich mit dem System vereinbar sein [...] Ein derartiges Axiomensystem wird mit Fug und Recht als unvollstandig zu bezeichnen sein [...] Gleichviel ob es gelingen mag, die Richtigkeit oder Falschheit von φ aus dem System zu deduzieren oder eine solche Deduzierbarkeit auch nur theoretisch sicherzustellen, so soll jedenfalls nur *entweder* die Richtigkeit *oder* die Falschheit von φ –nicht aber jede dieser beiden Moglichkeiten- mit dem Axiomensystem vereinbar sein, wenn dieses als „vollständig" gelten soll" (Fraenkel, 1928, pp. 347-48; la traducción es mía).

euclidianas. Luego la geometría absoluta es incompleta (en el sentido de "bifurcable"). En el primer capítulo, poníamos como ejemplo
de una teoría bifurcable la de los órdenes parciales, sea esta Γ. Sea
$\varphi := \forall xy(R(x,y) \wedge x \neq y \rightarrow \exists z(R(x,z) \wedge z \neq x \wedge R(z,y) \wedge z \neq y)$. De
acuerdo con Husserl, si Γ fuera una teoría absolutamente definida,
φ sería verdadera "en base a los axiomas" de Γ o bien entraría en
contradicción con los mismos. Por decirlo en términos de Fraenkel
(1928), solo la verdad o falsedad de φ debería ser compatible con
Γ. Sin embargo, sucede que $\Gamma \not\models \varphi$ (el contramodelo es un orden
parcial que no sea denso) y $\Gamma \not\models \neg\varphi$ (el contramodelo es un orden
parcial *denso*). De ahí que la teoría de los órdenes parciales también
sea incompleta.

Que ninguna sentencia del lenguaje de una teoría Γ sea independiente con respecto a Γ significa, pues, que no hay una sentencia
φ tal que $\varphi \in \text{SENT}(\mathcal{L})$, $\Gamma \not\models \varphi$ y $\Gamma \not\models \neg\varphi$, o sea, que para toda
$\varphi \in \text{SENT}(\mathcal{L})$, se cumple que $\Gamma \models \varphi$ o bien $\Gamma \models \neg\varphi$. Si Γ tiene
esencialmente un único modelo (esto es, si se trata de una teoría
absolutamente definida), es evidente que todos los modelos de Γ
satisfacen las mismas sentencias y que "el dominio" de Γ hará verdadera a φ o a $\neg\varphi$. Este es el sentido en el que Husserl dice que
toda proposición del lenguaje de una teoría absolutamente definida
será verdadera "en base a los axiomas" (o, mejor dicho, en base al
único modelo de la teoría) o entrará en contradicción con ellos (será
falsa en el dominio de la teoría). Por el contrario, si Γ tuviera más
de un dominio, sean estos $\mathfrak{A}$ y $\mathfrak{B}$, entonces la verdad de φ podría
ser compatible con $\mathfrak{A}$ y su falsedad con $\mathfrak{B}$ (Γ sería bifurcable en φ).

Además del concepto de teoría "absolutamente definida", Husserl también habla de un sistema operacional "assuredly definite".
La idea es, no obstante, la misma:

> An operation system is assuredly definite if it is related

> to a determinate (existing, given) operational domain
> in such a way that every defined operation has its vali-
> dation or its rejection (its contradiction) in that domain
> (Husserl, 2003, p. 432).

Para terminar, quisiera referirme a un párrafo de la *Doppelvortrag* donde Husserl hace un perfecto resumen de las ideas intro-
ducidas hasta el momento. El punto de partida es un sistema de
axiomas que "se tiene" para cierta esfera de objetos, o sea, que tiene un dominio. Este sistema de axiomas podrá definir más o menos
exhaustivamente su dominio –añade Husserl-, pero él se centra en
las teorías que lo especifican completa y unívocamente (es decir,
que están absolutamente definidas). Después, pide considerar una
sentencia cualquiera del lenguaje de la misma ("some meaningful
sentence") y preguntarse por su validez en dicho dominio. Como
la teoría está absolutamente definida, esto es, como su dominio es
una *única* esfera de objetos, solamente la verdad o la falsedad de
la misma será compatible con los axiomas. La verdad o falsedad de
esta sentencia *es decidida*, entonces, "en base a los axiomas":

> I define: These and those axioms hold (whether still
> others, I do not say). And I consider, then, the sphere
> of the magnitudes posited as existing thereby. This then
> is the domain of the axiom system, which, in our present
> case, is a completely specified domain. But it can also
> be a partially indeterminate and partially given one, or
> a completely indeterminate one.

> I then say: If I suppose some meaningful sentence cons-
> tructed, then I can ask whether it is valid if I take it to
> be a sentence about the objects of the domain, in the
> previously defined sense. The domain is definite if the
> truth and falsity of any such sentence is decided for the
> domain on the basis of the axioms (Husserl, 2003, p.
> 439).

En la sección 3.4 de este capítulo, explicaré en qué sentido el concepto de teoría "absolutamente definida" puede entenderse como *decidibilidad*.

3.3.2.   La no bifurcabilidad en Veblen y Carnap

Después de afirmar que el sistema de axiomas que proponía solo es válido para *"esencialmente solo una* clase", Veblen (1904) saca algunas conclusiones de este hecho. Es sorprendente lo parecidas que son dichas conclusiones a las de Husserl, incluso en la manera en que están expresadas. Compárese, en este sentido, la cita de Husserl de más arriba con la siguiente de Veblen:

> Consequently any proposition which can be made in terms of points and order either is in contradiction with our axioms or is equally true of all classes that verify our axioms. The validity of any possible statement in these terms is therefore completely determined by the axioms; and so any further axiom would have to be considered redundant (Veblen, 1904, p. 346).

Como se advierte, Veblen también considera que toda proposición escrita en el lenguaje de la teoría ("which can be made in terms of points and order"), si es categórica, o entra en contradicción con los axiomas o bien es verdadera en todas las clases (*"esencialmente solo una"*) que los verifican. Por tanto, y al igual que Husserl, Veblen concluye que la validez de cualquier proposición en esa clase de objetos está completamente determinada por los axiomas. De este modo, no hay ninguna proposición de su lenguaje que sea *independiente* con respecto a ellos. "And so any further axiom would have to be considered redundant".

Veblen llama "disyuntivos" a los sistemas de axiomas a los que

sí podemos añadir proposiciones independientes[18]. De nuevo, las
similitudes con Husserl merecen especial atención, ya que Veblen
asegura que las teorías disyuntivas "leaves more than one possibility open". Y, según Husserl, "an axiom system is said to be
complete absolutely if it is so far reaching in the definitions that
no possible operational result whatsoever remains open" (Husserl,
2003, p. 432). Del mismo modo, Fraenkel (1928) defiende que las
teorías "incompletas" dejan abiertas ciertas cuestiones relevantes
en *sentido absoluto*, es decir, que esas cuestiones son proposiciones
independientes con respecto a los axiomas[19].

Para Awodey y Reck (2002a), Veblen –y antes Dedekind- fue
bastante más explícito que Hilbert al sostener que una teoría categórica solo es compatible con la verdad o la falsedad de cualquier
proposición de su lenguaje (es decir, que una teoría categórica no deja "abiertas" ambas posibilidades). De hecho, tampoco Huntington
(1902) logra trazar la conexión entre categoricidad y no bifurcabilidad. "Veblen takes a significant step beyond all the other authors
considered so far" (Awodey y Reck, 2002a, p. 19). Por tanto, si
en 1901 Husserl ya intuía que las teorías categóricas debían ser no
bifurcables (o sea, que una teoría absolutamente definida tiene un
único dominio y, debido a ello, ninguna proposición de su lenguaje
es independiente con respecto a los axiomas de la misma), entonces
ese "significant step" está anticipado en la *Doppelvortrag*.

---

[18] "A system of axioms such as we have described is called *categorical*, whereas one to which it is possible to add independent axioms (and which therefore
leaves more than one possibility open) is called *disjunctive*" (Veblen, 1904, p.
346)

[19] "Ein solches Axiomensystem lasst nicht bloss im Sinn der Deduzierbarkeit
mit den gegenwartigen oder künftigen Hilfsmitteln der Mathematik, sondern
in einem absoluten Sinn (darstellbar durch Unabhangigkeitsbeweise) die Frage
offen, ob gewisse einschlagige Fragen so oder so zu beantworten sind" (Fraenkel,
1928, p. 348).

Por otro lado, en el estudio introductorio a Carnap (2000), se dice que una teoría es (intuitivamente) incompleta si alguna sentencia φ de su lenguaje es tal que ni ella ni su negación son consecuencia[20] de la teoría. Esto significaría que φ es independiente de los axiomas de la teoría y que, por tanto, la teoría es bifurcable en φ (*Cf.* Bonk y Mosterín (2000, pp. 42-43)). Las razones que explicarían la aparición de este concepto de "bifurcabilidad" son básicamente dos: la necesidad de aclarar el estatus lógico de la conjetura de Fermat, la de Goldbach, etc. y el desarrollo de las geometrías no euclidianas. Pues bien, en la *Doppelvortrag* el paso de la geometría bidimensional a la n-dimensional es un ejemplo recurrente de extensión de un dominio a otro más amplio:

> But if the axiom system is not to be expanded, perhaps the domain can be, by means of a new axiom system that deductively includes the old one in itself. In this way every domain can certainly be expanded, e.g., a two-dimensional Euclidean manifold to an n-dimensional one.
>
> From this point we then easily arrive at axiom systems that are "complete" in Mr. Hilbert's sense (Husserl, 2003, p. 436).

En consecuencia, si la reflexión en torno a la aparición de las geometrías no euclidianas explica que se planteen las nociones de "bifurcabilidad" y "no bifurcabilidad", entonces parece que tenemos un motivo más para atribuir a Husserl ambos conceptos. Como vimos, el sistema de axiomas de la geometría absoluta era compatible tanto con el quinto postulado como con su negación. Añadiéndolo a dicho sistema –junto con el axioma de completud- obtenemos un

---

[20]Es falso que toda teoría incompleta sea bifurcable. La aritmética de Peano de segundo orden contiene *enunciados indecidibles* y no es bifurcable, porque es categórica.

dominio n-dimensional (e isomorfo a $\mathbb{R}$) cuya teoría será Hilbert completa ("'complete' in Mr. Hilbert's sense") o "absolutamente definida", en términos del propio Husserl.

En Carnap (2000), la idea que subyace al concepto de "bifurcabilidad" es la misma que está en Husserl y en Veblen. Carnap sostiene que dos funciones proposicionales f y g son *compatibles* entre sí ("*verträglich*") si su conjunción está libre de contradicción, o sea –escribirá Carnap– si $\neg\exists h[(f \wedge g) \to (h \wedge \neg h)]$. Una teoría f es bifurcable[21] en la función proposicional g syss f es compatible con g y con $\neg g$ (*Cf.* Carnap (2000, pp. 130-31)). Por tanto, f es no bifurcable syss, para toda función proposicional g de su lenguaje, f es *incompatible* con g o bien lo es con $\neg g$, esto es, si $\exists h[((f \wedge g) \to (h \wedge \neg h)) \vee ((f \wedge \neg g) \to (h \wedge \neg h))]$. Luego solo la verdad o la falsedad de g es compatible con f si f es una teoría no bifurcable (adviértase lo parecida que es esta definición a la planteada por Fraenkel (1928, p. 348)). En otras palabras, f no deja más de una posibilidad abierta con respecto a g, porque $\Gamma \cup \{\varphi\}$ o $\Gamma \cup \{\neg\varphi\}$ es contradictorio.

Más allá de que toda teoría categórica (o monomórfica) sea no bifurcable, Carnap también se pregunta si toda teoría polimórfica (no categórica) es bifurcable. Veblen (1904) parece asumir implícitamente que sí, pues considera "disyuntivo" (un sistema de axiomas que sí admite proposiciones independientes) lo contrario de "categórico". En una carta a Fraenkel[22] del 26 de marzo de 1928, Carnap defiende que los conceptos de polimorfía y bifurcabilidad

---

[21]Como veremos más abajo, no es cierto que toda teoría compatible con g y $\neg g$ (donde g es una expresión de su lenguaje) se bifurque en g. Por otro lado, tampoco lo es que toda teoría no bifurcable sea incompatible con g o con $\neg g$.

[22]Agradezco al profesor Paolo Mancosu que me facilitara una copia de esta carta. Puede consultarse en los *Rudolf Carnap Papers*, que están en la Universidad de Pittsburgh (Series XXI. Correspondence with Individuals, 1921-1970, carpeta 41).

son *equivalentes*. A diferencia de la prueba de que la monomorfía y la no bifurcabilidad también lo son, que según Carnap presenta "alguna complicación", en la carta esboza una demostración de que toda teoría polimórfica es bifurcable (esto es, de la primera dirección del *Gabelbarkeitssatz*). Al principio de la misma, él asegura que la prueba es fácil y se sorprende de que haya podido hacerlo teniendo en cuenta que el propio Fraenkel y Baer dudaban de que el teorema fuese cierto.

El argumento de Carnap consiste en mostrar que toda teoría polimórfica es compatible con g y con $\neg g$ (donde g es cualquier función proposicional del lenguaje de la teoría) y que toda teoría compatible con g y con $\neg g$ se bifurca en g, de donde se sigue que toda teoría polimórfica es bifurcable. Ahora bien, es falso que toda teoría que sea *compatible* con una sentencia de su lenguaje y con su negación se bifurque en esa sentencia. Pues, como vimos en el primer capítulo, $\mathbf{PA}^2$ es compatible con la fórmula de Gödel (si $\mathbf{PA}^2 \cup \{g\}$ implicara una contradicción, entonces $\neg g$ sería deducible de $\mathbf{PA}^2$, lo cual contradice el primer teorema de incompletud) y con su negación (si $\mathbf{PA}^2 \cup \{\neg g\}$ implicara una contradicción, entonces g sería deducible de $\mathbf{PA}^2$, lo cual contradice el primer teorema de incompletud), siendo $\mathbf{PA}^2$ categórica, o sea, no bifurcable. De este modo, el argumento de Carnap es inválido y el *Gabelbarkeitssatz* no se tiene.

Que una teoría Γ sea tal que, para toda sentencia φ del su lenguaje, Γ es *incompatible* con φ o lo es con $\neg\varphi$ significa, en realidad, que Γ es completa. Por esta razón, el sentido en que una teoría no bifurcable solo "es compatible" con la verdad o falsedad de φ no puede querer decir que $\Gamma \cup \{\varphi\}$ o $\Gamma \cup \{\neg\varphi\}$ sea contradictorio (pues $\mathbf{PA}^2$ es no bifurcable e incompleta). A continuación, explicaré qué quiere decir desde el punto de vista de Tarski (1940).

3.3.3. La no bifurcabilidad en Tarski

En una carta a Quine que cita Mancosu (2010, p. 470), Tarski le sugiere, para aclarar la relación entre categoricidad y completud, hacer referencia al concepto de "completud relativa" que él mismo había propuesto en Harvard, en una conferencia pronunciada en 1940. Para explicar este concepto, Tarski distingue entre constantes lógicas y no lógicas, afirmando que las *sentencias lógicas* son aquellas donde no aparece ninguna constante no lógica[23]. Por otra parte, una "sentencia lógicamente válida" es un teorema lógico y los sistemas de axiomas que él considera son lo suficientemente "ricos" (es decir, pueden cuantificar sobre entidades de orden superior y, además, contienen el axioma de infinitud) (*Cf.* Mancosu (2010, p. 474)). En estos sistemas, la "base lógica" es incompleta en virtud del teorema de Gödel, pero podríamos exigir que los nuevos axiomas –es decir, la parte no lógica de la teoría- no extendiese dicha incompletud. Eso es, precisamente, lo que garantiza la completud relativa.

Una teoría Γ es relativamente completa (completa con respecto a su base lógica) syss, para cada sentencia $\varphi \in \Gamma$, existe una sentencia lógica ψ tal que φ y ψ son equivalentes[24] con respecto a Γ (*Cf.* Glosario: completud relativa). Dos sentencias φ y ψ son equivalentes con respecto a Γ syss $\Gamma \cup \{\varphi\} \vdash \psi$ y $\Gamma \cup \{\psi\} \vdash \varphi$. Sea $Mod(\Gamma)$ la clase de modelos de Γ. Puesto que $\varphi \in \Gamma$, de ahí se sigue que

---

[23]De acuerdo con Tarski (1940), una sentencia no lógica contendrá constantes no lógicas $C_1, C_2, ..., C_n$. Si reemplazamos $C_1, C_2, ..., C_n$ por las variables $X_1, X_2, ..., X_n$, entonces esa sentencia tendrá n variables libres. El sistema de n objetos $O_1, O_2, ..., O_n$ que satisface a dicha sentencia es su *modelo*. Una sentencia que solo contenga variables –libres o ligadas- es una sentencia lógica.

[24]"Our requirement can now be stated as follows: For any sentence of our theory, there must be a logical sentence which is equivalent to it with respect to the given system of sentences" (Tarski, 1940, p. 489).

$\models_{Mod(\Gamma)} \varphi$. Y, como φ y ψ son equivalentes con respecto a Γ, se tiene que $\models_{Mod(\Gamma)} \psi$, o sea, que $\Gamma \models \psi$.

A renglón seguido, Tarski añade que, si Γ es completa con respecto a su base lógica, entonces, para toda sentencia lógica ψ del lenguaje de Γ, resulta que $\Gamma \models \psi$ o $\Gamma \models \neg\psi$ (es decir, que Γ es semánticamente completa[25]). Esto significa que ψ o $\neg\psi$ es equivalente a una sentencia φ tal que $\varphi \in \Gamma$. Es decir, no habrá ninguna sentencia lógica tal que ella y su negación sean equivalentes a sentencias que no están en Γ. Así, cuando añadimos una sentencia lógica ψ a una teoría relativamente completa, sabemos que $\Gamma \cup \{\psi\}$ es insatisfacible o bien que $\Gamma \models \psi$. En el primer caso, $Mod(\Gamma) = Mod(\Gamma \cup \{\neg\psi\})$; en el segundo, $Mod(\Gamma) = Mod(\Gamma \cup \{\psi\})$. Piénsese, por ejemplo, en $\mathbf{PA}^2$ y en g, donde g es la fórmula de Gödel. $\mathbf{PA}^2 \cup \{\neg g\}$ será insatisfacible y, de hecho, $\mathbf{PA}^2 \models g$, lo cual implica que $Mod(\mathbf{PA}^2) = Mod(\mathbf{PA}^2 \cup \{g\})$. En efecto, $Mod(\mathbf{PA}^2 \cup \{g\})$ es la estructura estándar de los números naturales.

En consecuencia, es imposible encontrar una sentencia lógica del lenguaje de Γ que bifurque a Γ si Γ es completa con respecto a su base lógica. De esta manera, que $Mod(\Gamma)$ solo sea compatible con ψ o con $\neg\psi$ no quiere decir que $\Gamma \cup \{\psi\}$ o $\Gamma \cup \{\neg\psi\}$ sea contradictorio, sino que uno de los dos es *insatisfacible*. Si Γ es, en cambio, bifurcable (o relativamente incompleta), entonces existirá una sentencia lógica ψ tal que tanto $\Gamma \cup \{\psi\}$ como $\Gamma \cup \{\neg\psi\}$ son *satisfacibles*. Es fácil ver que, en el segundo caso, no todas las estructuras $\mathfrak{A}$ y $\mathfrak{B}$ tales que $\mathfrak{A}, \mathfrak{B} \in Mod(\Gamma)$ satisfacen las mismas sentencias (y esa era, recordémoslo, la definición de "teoría bifurcable").

Si $Mod(\Gamma)$ es el modelo deseado $\mathfrak{A}$, ¿es Γ semánticamente com-

---

[25] "Thus a system of sentences of a given deductive theory is called *semantically complete* if every sentence which can be formulated in the given theory is such that either it or its negation is a logical consequence of the considered set of sentences" (Tarski, 1940, p. 490).

pleta? ¿Y no bifurcable? Partiendo de que $Mod(\Gamma) = \mathfrak{A}$, se tiene que $\varphi \in \Gamma$ syss $\models_{\mathfrak{A}} \varphi$. Como toda sentencia es verdadera o falsa en una estructura, es evidente que, para toda sentencia φ del lenguaje de Γ, $\models_{\mathfrak{A}} \varphi$ o $\models_{\mathfrak{A}} \neg\varphi$. Por tanto, si cierta sentencia φ es verdadera en $\mathfrak{A}$, entonces es consecuencia lógica de Γ (puesto que todo modelo de Γ –su modelo deseado- lo es también de φ) y si es falsa lo será su negación. Luego, para toda sentencia φ de su lenguaje, $\Gamma \models \varphi$ o $\Gamma \models \neg\varphi$ (o sea, Γ es semánticamente completa). Que es no bifurcable resulta obvio, porque el modelo deseado $\mathfrak{A}$ no puede satisfacer φ y $\neg\varphi$. Así, cuando Tarski afirma que toda sentencia lógica φ es tal que $\Gamma \models \varphi$ o $\Gamma \models \neg\varphi$, él debe estar pensando en que Γ es la teoría del modelo[26] deseado $\mathfrak{A}$. Mancosu (2010) argumenta que este hecho apoya la tesis de que Tarski tenía una concepción *fija* de los modelos[27] en 1940, pero esta cuestión desborda los límites de este trabajo.

---

[26]Naturalmente, si Γ es la teoría de una clase de modelos $\mathfrak{K}$ y Γ no es categórica, entonces no es cierto que, para toda sentencia lógica φ de su lenguaje, $\Gamma \models \varphi$ o $\Gamma \models \neg\varphi$. Por ejemplo, en el lenguaje de la teoría Γ de los órdenes parciales (que, por supuesto, no es categórica) $\varphi := \forall xy(R(x,y) \wedge x \neq y \rightarrow \exists z(R(x,z) \wedge z \neq x \wedge R(z,y) \wedge z \neq y)$ es una sentencia lógica, pero es fácil ver que $\Gamma \nvDash \varphi$ y $\Gamma \nvDash \neg\varphi$.

[27]Para el candente debate en torno al concepto de *consecuencia lógica* de Tarski en sus artículos seminales de la década de 1930, *Cf.* Etchemendy (1988), Gómez-Torrente (1996), Gómez-Torrente (2009), Mancosu (2006) y Mancosu (2010).

3.4. Completud como decidibilidad en Husserl

3.4.1. ¿Completud sintáctica o semántica?

La interpretación del concepto de teoría "absolutamente definida" como *teoría completa*[28] también es frecuente en la literatura especializada. Da Silva (2000), Da Silva (2016) es el principal defensor de la misma, pues argumenta que "the notion of absolute definiteness is identical with Hilbert's notion of *deductive* or *syntactic completeness*" (Da Silva, 2000, p. 417). Su lectura está apoyada en la siguiente evidencia textual:

> Absolutely definite: (1) [...] An axiom system is absolutely definite if every proposition meaningful according to it is decided in general (Husserl, 2003, p. 427).

> An axiom system that delimits a domain is said to be "definite" if [...] Or, put otherwise: If only two things are possible, either the proposition follows from the axioms or contradicts them.

> Equivalent to this is the following statement:

> An axiom system with a domain is definite if it leaves open or undecided no question related to the domain and meaningful in terms of this system of axioms (Husserl, 2003, p. 438).

Por otra parte, Hartimo (2018), quien defendía que "teoría absolutamente definida" significa "teoría categórica", atribuye a Husserl la creencia[29] de que toda teoría que describa unívocamente

---

[28] *Cf.* Cap. 1, Def. 1.

[29] "It is called monomathematics, a term to be made more precise presently. Suffice it to say at this stage that success in *monomathematics* requires both *expressive* power (the power to describe structures exactly) and *deductive* power (the power to prove whatever follows logically from one's description)" (Tennant, 2000, p. 257).

sus modelos responderá (afirmativa o negativamente) a cualquier cuestión que se plantee dentro de la propia teoría. Por esta razón, considera que una teoría *absolutamente definida* es categórica y es, *además*, completa. "Husserl's definite theories thus aim to embrace two ideals: full description of a structure *and* syntactic completeness" (Hartimo, 2018, p. 1510).

Sin embargo, Hartimo (2017, pp. 252-53) admite que, sin una relación de deducibilidad perfectamente delimitada, la naturaleza exacta del concepto de completud de Husserl no está del todo clara. Es más, Tennant (2000) sostenía que solo a partir de 1917 pudo empezar a articularse una noción "deductiva" de completud, porque, en efecto, fueron Hilbert (1917/18) y Bernays (1918) quienes obtuvieron los primeros resultados de completud (de Post completud y completud débil[30] de la lógica proposicional). No obstante, estos resultados se discutían únicamente en Gotinga, pues la tesis de habilitación de Bernays y los apuntes de Hilbert para el semestre 1917/18 se publicaron en 1926 y en 1928 (son los *Grundzüge der theoretischen Logik*), respectivamente. En estos textos, se analizan diferentes fragmentos de los *Principia Mathematica* desde un punto de vista metalógico (esto es, evaluando su consistencia, completud, independencia, etc.). La distinción entre sintaxis y semántica se va haciendo cada vez más nítida, y algunas reglas de inferencia –la de sustitución- que no eran explícitas en los *Principia* aparecen ya formuladas.

En este sentido, Centrone (2010) señala que resultaría anacrónico atribuir a Husserl, en 1901, la distinción entre *deducibilidad* y *consecuencia lógica*:

---

[30]La completud débil de la lógica proposicional se demuestra en una nota a pie de página a partir de la corrección y la Post completud en Hilbert (1917/18, p. 158). Curiosamente, no se destaca como un resultado de especial relevancia. Para más detalles sobre esta cuestión, *Cf.* Ewald y Sieg (2013, pp. 43-46).

> One cannot seriously maintain that Husserl possessed the now standard and clear cut distinction between the syntactic notion of derivability from a (finite) set A of axioms and the semantic notion of truth in every structure in which the axioms A hold true. Indeed, the autonomy of the syntactical moment of the theory with respect to the semantical one had not been made explicit at that time yet (Centrone, 2010, pp. 167-68).

Si esto es así, ¿puede uno mantener seriamente que el concepto de "teoría absolutamente definida" significa teoría *sintácticamente* completa o teoría *semánticamente* completa? Parece obvio que no. No obstante, en mi opinión la idea de una teoría absolutamente definida anticipa, más bien, la noción de completud semántica que Carnap (2000) llamó "decidibilidad" (*Cf.* Glosario: decidibilidad). Creo que, fuera de contexto, esa idea de que toda proposición de su lenguaje "either follows from the axioms or contradicts them" (Husserl, 2003, p. 438) puede interpretarse como completud sintáctica y también como completud semántica. Pero, si tenemos en cuenta que Husserl aseguraba que esta propiedad de las teorías es equivalente a la de tener un único dominio y a la de no admitir proposiciones independientes, entonces la segunda de ellas (la completud semántica) es más natural. Pues, como vimos más arriba, toda sentencia φ del lenguaje de una teoría Γ con un único modelo –categórica o con un modelo deseado- será consecuencia lógica de Γ o lo será $\neg\varphi$.

En esta sección, ofreceré evidencia textual a favor de que en Veblen (1904) y en Carnap (2000) podemos encontrar un razonamiento similar. De hecho, Veblen (1904) parece anticipar la distinción entre *deducibilidad*, por un lado, y *consecuencia lógica*, por otro.

3.4.2. La decidibilidad en Veblen y Carnap

Como pusieron de manifiesto Awodey y Reck (2002a, p. 17), Veblen (1904) recalca, aunque no lo pruebe, que la completud semántica es una consecuencia inmediata de la categoricidad de una teoría. Permítaseme que cite, otra vez, el párrafo clave:

> Consequently any proposition which can be made in terms of points and order either is in contradiction with our axioms or is equally true of all classes that verify our axioms. The validity of any possible statement in these terms is therefore completely determined by the axioms; and so any further axiom would have to be considered redundant (Veblen, 1904, p. 346).

Para Veblen, la *validez* de cualquier proposición formulada en el lenguaje de una teoría categórica "is therefore completely determined by the axioms". Para Husserl, si una teoría está *absolutamente definida*, entonces se tiene que "every proposition meaningful according to it is decided in general" (Husserl, 2003, p. 427). La cita de Veblen es especialmente reveladora, porque no dice que los axiomas "prueban" o "refutan" cualquier proposición de su lenguaje (lo cual podría interpretarse como *completud sintáctica*), sino que afirma que toda proposición contradice a los axiomas o "is equally true of all classes that verify our axioms". Esto es, los axiomas determinarán una proposición como verdadera si y solo si es verdadera en todas las clases que "verifican" dichos axiomas. Es evidente que esta intuición es la misma que subyace al concepto de consecuencia lógica[31] de Tarski.

En Carnap (2000), esta idea intuitiva de *consecuencia lógica* también está presente. Según Carnap, una función proposicional g

---

[31] "The sentence X follows logically from the sentences of the class K if and only if every model of the class K is also a model of the sentence X" (Tarski, 1936, p. 417).

es consecuencia de una teoría f syss $\forall \mathfrak{R}(f\mathfrak{R} \to g\mathfrak{R})$, o sea, syss, para todo modelo $\mathfrak{R}$, si $\mathfrak{R}$ es modelo de f, entonces lo es de g (*Cf.* Glosario: consecuencia). De ahí se sigue, razona Carnap, que la función proposicional $\forall \mathfrak{R}(f\mathfrak{R} \to g\mathfrak{R})$ tendrá que ser *deducible* de la teoría simple de tipos. En términos contemporáneos, esto se expresaría como sigue[32] $f \models g \Rightarrow \vdash_{TT} f \to g$. A partir de ese concepto de consecuencia, Carnap introduce su noción de "decidibilidad":

> Definición 3.6.1. Un sistema de axiomas satisfacible f se llamará "decidible" si, para toda función proposicional g [...] g o bien $\neg g$ es consecuencia de f[33] (Carnap, 2000, p. 143).

Al igual que Veblen, Carnap también sostiene que la decidibilidad es una consecuencia inmediata de la categoricidad. De hecho, irá más allá al afirmar que la decidibilidad, la monomorfía y la no bifurcabilidad son tres conceptos *equivalentes* (esta era, recordémoslo, la principal tesis de Carnap (2000)). Del mismo modo, Husserl argumenta en la *Doppelvortrag* que los tres sentidos en que podemos decir que una teoría *está definida* son equivalentes ("equivalent to this is the following statement", o "equivalent to this, once again, is the following crucial statement", *Cf.* Husserl (2003, p. 438 y p. 451)), aunque sin una demostración formal. Como ya mencionamos cuando hicimos referencia a la carta de Carnap a Fraenkel, Carnap veía problemática la demostración de que toda teoría monomórfica es no bifurcable. En cambio, en Carnap (2000) encontramos una "prueba" de que toda teoría no bifurcable es decidible (esto es, de

---

[32]En términos de Tarski (1940) un teorema de la teoría simple de tipos (que, en el fondo, es un teorema lógico) es una "sentencia lógicamente válida".

[33]"Definition 3.6.1 Ein erfülltes Axiomensystem f wird „entscheidungsdefinit" genannt, wenn fur jede formale Aussagefunktion g [...] entweder g oder $\neg g$ Folgerung von f ist" (Carnap, 2000, p. 143).

que, según Carnap, no bifurcabilidad y decidibilidad son equivalentes).

El razonamiento de Carnap es el siguiente. Si f es una teoría no bifurcable, entonces (por definición) no hay ninguna función proposicional g del lenguaje de f tal que ni g ni $\neg g$ no son consecuencia de f (en otras palabras, ninguna función proposicional de su lenguaje es independiente de f). Por tanto, para toda g sucede que g o bien $\neg g$ es consecuencia de f, de donde se sigue que f es decidible[34]. Como se ve, Carnap no parte de un conjunto máximamente consistente y concluye que es sintácticamente completo, sino que lo hace de uno no bifurcable y sostiene que lo es *semánticamente*.

No obstante, además del concepto de "decidibilidad", Carnap introducirá el de "k-decidibilidad". Una teoría f es k-decidible syss hay un procedimiento que permita ejecutar, en un número finito de pasos, una prueba de $f \to g$ o de $f \to \neg g$ (*Cf.* Glosario: decidibilidad)[35]. Carnap afirma explícitamente que ambas nociones no son equivalentes y que, a pesar de que la no bifurcabilidad implica decidibilidad, k-no-bifurcabilidad no implica k-decidibilidad. Si f es k-no-bifurcable, entonces la expresión de la teoría de simple de tipos que dice que f es no bifurcable será un teorema lógico (es decir, deducible a partir de la propia teoría de tipos, que hace las veces de metalenguaje). Esto es, lo que Carnap está remarcando es que, a pesar de que *sepamos* que cierta teoría es semánticamente com-

---

[34] "Beweis 3.6.1 f sei nicht gabelbar. Das bedeutet (nach Satz 3.3.4.2): f ist erfüllt; es gibt kein formales g, bei dem weder g noch $\neg g$ Folgerung von f wäre. Mit anderen Worten: bei jedem formalen g ist entweder g oder $\neg g$ Folgerung von f. Dies besagt: f ist entscheidungsdefinit" (Carnap, 2000, p. 144).

[35] Definition 3.6.2 f heisst „k-entscheidungsdefinit", wenn ein Modell von f aufgewiesen und ein Verfahren angegeben werden kann, nach dem bei jedem vorgelegten formalen g [...] entweder der Beweis für $f \to g$ oder der Beweis für $f \to \neg g$ in endlich vielen Schritten geführt werden kann" (Carnap, 2000, p. 145).

pleta, eso no nos garantiza que *encontremos* una prueba (finitaria) de $f \to g$ o lo hagamos de $f \to \neg g$. Pues, en efecto, deducibilidad y consecuencia lógica pueden no coincidir.

Sorprendentemente, Veblen acertó a vislumbrar que el hecho de que toda proposición del lenguaje de una teoría categórica contradiga a los axiomas o bien sea verdadera en todas las clases de objetos que los verifican no significa que necesariamente toda proposición sea "probada" o "refutada" a partir de los mismos. Como muestran Awodey y Reck (2002a, pp. 18-19), Veblen (1906) se pregunta lo siguiente: "But if a proposition is a consequence of the axioms, can it be derived from them by a syllogistic process? Perhaps not" (Veblen, 1906, p. 28).

En mi opinión, esto refuerza la idea de que, cuando Veblen (1904) obtiene la completud de una teoría como consecuencia de su categoricidad, la noción de completud que está en juego es más semántica que sintáctica. Vimos que el concepto de teoría "absolutamente definida" contenía *in nuce* la intuición de que una teoría categórica es no bifurcable y, por tanto, también decidible. La interpretación más frecuente en la literatura consiste en atribuir a Husserl una suerte de "ideal euclidiano" (*Cf.* Hartimo (2018, p. 1518)), en virtud del cual una teoría categórica debería probar o refutar cualquier proposición de su lenguaje. Mi sugerencia es, en cambio, comparar la *Doppelvortrag* de 1901 de Husserl con los textos de Veblen de 1904 y 1906, ya que en ellos se llega a la conclusión (esbozada por Carnap y probada por Tarski) de que una teoría categórica (monomórfica) es *semánticamente* completa. Esto explicaría lo que significa "teoría absolutamente definida" sin proyectar en Husserl ningún tipo de "ideal euclidiano" y sin atribuirle el concepto de completud sintáctica.

3.4.3. Sobre el término *"Entscheidungsdefinit-heit"*

La palabra alemana que Fraenkel (1928) y Carnap (2000) empleaban para referirse a la decidibilidad es *"Entscheidungsdefinit-heit"*. En la *Doppelvortrag*, una teoría está (absolutamente) definida syss toda proposición de su lenguaje está decidida (*"entschieden ist"*) con arreglo a sus axiomas:

Absolut definit ist ein Axiomensystem, wenn jeder nach ihm sinnvolle Satz überhaupt entschieden ist[36] (Husserl, 1970, p. 440).

Ein solches Operationssystem ist definit auch in dem Sinne, dass jedem Satz nun angesehen werden kann, ob er in das Gebiet fällt oder nicht [...] Hat ein Satz Sinn gemäß den Axiomen, dann ist er durch die Axiome in Wahrheit und Falschheit entschieden[37] (Husserl, 1970, p. 455).

Y, en un fragmento extraído de los *Husserl Studies* y publicado en Husserl (2003), se añade que:

If I suppose some meaningful sentence constructed, then I can ask whether it is valid if I take it to be a sentence about the objects of the domain, in the previously defined sense. The domain is definite if the truth and falsity of any such sentence is decided for the domain on the basis of the axioms (Husserl, 2003, p. 439).

---

[36] "An axiom system is absolutely definite if every proposition meaningful according to it is decided in general" (Husserl, 2003, p. 427).

[37] "Such an operational system is also definite in the sense that one can now see on each proposition whether it falls in the domain or not [...] If a proposition has sense according to the axioms, then it is decided as to truth or falsity by the axioms (Husserl, 2003, p. 427).

Como se puede ver en la segunda cita, que los axiomas "decidan" que cierta proposición es verdadera o falsa significa que esa proposición "se tiene o no" en el dominio de la teoría Γ ("ob er in das Gebiet fällt oder nicht"), y no que exista una prueba de la misma a partir de Γ. No obstante, hay que destacar que Husserl hable de proposiciones cuya verdad o falsedad "está decidida" por los axiomas veinte años antes de que se formule el *Entscheidungsproblem* (el cual fue, de acuerdo con Mancosu (2010)[38], planteado por Behmann (1921)).

En este sentido, Zach (1999, pp. 335-36) y el propio Mancosu (2010) citan un texto de Hilbert de 1905, donde se explica que el uso de formas normales proporciona la primera prueba de decidibilidad de la lógica proposicional. Y, aunque se trata del caso más básico, esta explicación sirve para hacernos una idea de lo que Hilbert perseguía: "thus we have solved, in the most primitive case at hand, the old problem that it must be possible to achieve any correct result by a *finite proof*" (*Cf.* Zach (1999, p. 335)). Este énfasis de Hilbert en que la prueba sea finita (que, desde luego, no está en Husserl (2003)) conecta con el concepto de k-decidibilidad de Carnap más que con el de decidibilidad. No en vano, la razón por la que Carnap (2000) distingue entre "a-conceptos" y "k-conceptos" es para ofrecer una versión *constructiva* de nociones que no necesariamente lo son (*Cf.* Carnap (2000, pp. 78-85)).

Así, si el argumento de este libro es correcto, el concepto de decidibilidad de Carnap (*"Entscheidungsdefinitheit"*) fue anticipa-

---

[38] "The word *Entscheidungsproblem* first appears in a talk given by Behmann to the Mathematical Society in Göttingen on May 10, 1921, titled "Entscheidungsproblem und Algebra der Logik". Here, Behmann is very explicit about the kind of procedure required, characterizing it as a "mere calculational method", as a procedure following the "rules of a game", and stating its aim as an "elimination of thinking in favor of mechanical calculation" (Mancosu, 2010, p. 64).

do por Husserl ("absolut definit ist ein Axiomensystem, wenn jeder nach ihm sinnvolle Satz überhaupt entschieden ist"), mientras que el de k-decidibilidad parece estar claramente vinculado al problema de la decisión. La pregunta ahora resulta obvia: ¿hay evidencia textual que demuestre esta conexión entre Husserl y Carnap, o sea, que pruebe que Carnap está tomando ideas de Husserl?

Si uno mira con atención el texto publicado en Carnap (2000), encontrará una nota al pie donde Carnap hace un breve repaso de los términos asociados a cada uno de los tres sentidos de "completud" que él había distinguido:

> *Terminologie*: 1) „monomorph": Veblen „kategorisch", Huntington „hinreichend", Fraenkel und Weyl „vollstandig"; 2) „nichtgabelbar"; 3) „entscheidungsdefinit": so Husserl's und Becker; Hilbert „vollstandig" (Carnap, 2000, p. 128).

Luego Carnap incluso atribuye el término "*Entscheidungsdefinitheit*" a Husserl, distinguiéndolo además de lo que Hilbert llamaría "completo". Del mismo modo, Fraenkel (1928) también se refiere a Husserl cuando introduce la completud como "*Entscheidungsdefinitheit*", pero es bastante más explícito que Carnap:

> *Cf.* Husserl (1913, p. 135). Aquí se formula [la decidibilidad] de tal manera que en un "dominio" definido toda proposición expresada en los conceptos relevantes "o bien es una consecuencia puramente formal de los axiomas o bien una contraconsecuencia, o sea, contradice formalmente a los axiomas". Aquí "verdadero" y "consecuencia formal de los axiomas" son equivalentes[39]

---

[39] "*Cf.* Husserl (1913, p. 135). Es wird hier so formuliert, dass in einer derart definierten „Mannigfaltigkeit" jeder in den einschlägigen Begriffen ausgedrückte Satz „entweder eine pure formallogische Folge der Axiome oder eine ebensolche Widerfolge, d. h. den Axiomen formal widersprechend" sein muss. Hiemach werden „wahr" und „formallogische Folge der Axiome" zu äquivalenten Begriffen" (Fraenkel, 1928, p. 352).

(Fraenkel, 1928, p. 352).

Esta nota de Fraenkel refuerza el argumento del presente capítulo en dos sentidos. En primer lugar, porque proporciona la evidencia textual necesaria para concluir que, efectivamente, uno de los conceptos de completud (de una teoría) que fueron identificados por Fraenkel (1928) y Carnap (2000) está ya en Husserl, y ellos *lo sabían*. Y, en segundo lugar, porque nos muestra que el sentido en que una teoría absolutamente definida es *decidible* es semántico y no sintáctico (puesto que "hiemach werden ,,wahr" und ,,formallogische Folge der Axiome" zu äquivalenten Begriffen"). En lo que respecta a la bibliografía consultada en este libro, la conexión entre Husserl, Fraenkel y Carnap a través del concepto de *"Entscheidungsdefinitheit"* no había sido documentada hasta ahora.

3.5. Conclusiones

En este capítulo, he mostrado que, para Husserl, una teoría absolutamente definida determina *completa* y *unívocamente* su dominio, no admite axiomas adicionales (o sea, proposiciones *independientes*) y *decide* la verdad o falsedad de toda proposición de su lenguaje. Estas ideas anticipan diferentes nociones de completud que fueron identificadas por Fraenkel (1928) y Carnap (2000) y que este último consideraba *equivalentes*: categoricidad (o monomorfía), no bifurcabilidad y decidibilidad (completud semántica). Son además coherentes con lo que pensaban otros matemáticos del momento como Huntington y, en especial, Veblen.

Centrone (2010) y Hartimo (2018) sostienen que una teoría absolutamente definida es una teoría categórica. Sin embargo, esta interpretación se enfrenta a la objeción inmediata de que, en la *Doppelvortrag*, Husserl no desarrolla un concepto de isomorfismo, a

pesar de que la idea de "correspondencia uno-a-uno" entre clases
de objetos no era del todo infrecuente en torno a 1901. Sí parece cierto, no obstante, que Husserl tenía la intuición de que habrá
teorías con un único dominio. Estas son, justamente, las que describen una esfera de objetos *no extendible* (esto es, las que contienen el
axioma de completud) y, por lo tanto, la "categoricidad" se obtiene
indirectamente, como consecuencia de que la teoría fuera Hilbert
completa. Fue Baldus (1928) quien mostró que la no extendibilidad
del universo del modelo no garantiza categoricidad.

En lo relativo a la no bifurcabilidad, defendí que, si una teoría
no admite proposiciones independientes, solo la verdad o falsedad
de φ "es compatible" con la teoría (donde φ será cualquier proposición del lenguaje de la misma). Esto conecta a Husserl con
Fraenkel, pues para el segundo un sentido intuitivo de teoría incompleta[40] es ser compatible con φ y con $\neg\varphi$. Carnap (2000) toma
como equivalentes insatisfacible y contradictorio (lo cual no se tiene
en lógica de segundo orden) y parece concluir que si Γ es no bifurcable, entonces, para toda función proposicional φ de su lenguaje,
se cumple que $\Gamma \cup \{\varphi\}$ o $\Gamma \cup \{\neg\varphi\}$ es contradictorio además de insatisfacible. Por el teorema de Gödel, esto no es verdad (ya que hay
teorías insatisfacibles que no son contradictorias). Tarski (1940) introducirá el concepto de "completud relativa" –que es coextensivo
al de no bifurcabilidad- probando que, para toda sentencia lógica
ψ del lenguaje de una teoría categórica, ψ o $\neg\psi$ es equivalente a
una sentencia no lógica que ya está en la teoría, de donde se sigue
que $\Gamma \models \psi$ o $\Gamma \models \neg\psi$. Que toda teoría categórica (monomórfica)
es relativamente completa (no bifurcable) no pudo ser demostrado
por Carnap.

---

[40]Veblen (1904, p. 346) llamaba "disyuntivos" a los sistemas de axiomas
incompletos en este sentido.

Y, finalmente, Da Silva (2000), Da Silva (2016) argumenta que una teoría absolutamente definida es una teoría (sintácticamente) completa. Ahora bien, es muy discutible que Husserl tuviera un concepto perfectamente delimitado de *deducibilidad* que nos permita concluir que, cuando afirma que los axiomas de Γ deciden la verdad o falsedad de toda proposición φ de su lenguaje, está pensando en $\Gamma \vdash \varphi$ o $\Gamma \vdash \neg\varphi$. El modo de salvar esta dificultad es atribuyendo a Husserl un "ideal euclidiano" en virtud del cual toda teoría categórica debía probar o refutar cualquier cuestión planteada en términos de la misma. Pero, si comparamos a Husserl con Veblen, veremos fácilmente que el razonamiento es más bien semántico. Pues, en efecto, si una teoría tiene un único dominio, entonces cualquier proposición del lenguaje de la teoría entra en contradicción con los axiomas de la misma (es falsa en ese dominio) o bien se sigue de ellos (es verdadera en el dominio). Otra cosa es que se pueda encontrar una *prueba* de toda proposición que sea consecuencia lógica de una teoría (que sea, pues, k-decidible). Pensar que Husserl razonaba así no es solo una explicación más sencilla que apelar al supuesto "ideal euclidiano", sino que además tiene a su favor la evidencia textual que lo conecta con el concepto de "*Entscheidungsdefinitheit*" de Fraenkel (1928) y Carnap (2000).

Capítulo 4

Teorías relativamente definidas: el problema de los números ideales

4.1. Introducción

Da Silva (2016, p. 1926) sostiene que, mientras que algunos comentaristas de Husserl ponen énfasis en los análisis textuales y contextuales, el suyo va a ser un análisis *conceptual*. Este análisis conceptual está centrado en el problema de los números ideales, porque él sostiene que las nociones de teoría *relativa* y *absolutamente* definida deben interpretarse de tal manera que expliquen cuál fue la solución de Husserl a esta cuestión. En la *Doppelvortrag*, planteaba las siguientes preguntas:

> With what justification can the absurd be assimilated into calculation –with what justification, therefore, can the absurd be utilized in deductive thinking- as if it were meaningful? How is it to be explained that one can operate with the absurd according to rules, and that,

> if the absurd is then eliminated from the propositions,
> the propositions obtained are correct? (Husserl, 2003,
> p. 412).

Como vimos en el primer capítulo, la justificación de que $7 + 5 = 12$ y no $12,001$ cuando enriquecemos los números naturales con objetos ideales (esto es, con "lo absurdo") como los negativos, los irracionales, etc. es que la teoría de los naturales y la teoría resultante "están definidas". Es decir:

(DV) Si Γ es una teoría consistente y Γ y Γ^* están definidas, entonces Γ^* es consistente[1].

Hay cierto consenso en la literatura especializada en lo que respecta a que Γ debe estar *relativamente definida* y no puede estarlo absolutamente. No en vano, Husserl afirmaba que en una teoría absolutamente definida "no axiom can be added at all" (Husserl, 2003, p. 427). En este sentido, Da Silva (2000) argumenta que el concepto de teoría "relativamente definida" es la clave de la solución de Husserl al problema de los números ideales[2]. Centrone (2010), por otro lado, afirma que para Husserl las teorías de todos los sistemas numéricos están relativamente definidas, salvo la teoría de los números reales[3]. Y, según Hartimo (2018), "relative definiteness is thus a property of a theory that can be extended" (Hartimo, 2018, p. 1522). Por tanto, la tesis de la *Doppelvortrag* debe reformularse como sigue:

---

[1] Γ es la teoría de un sistema numérico y Γ^* es la teoría de un sistema numérico más amplio.

[2] "The notion of relative definiteness, which depends on the notion of the domain of formal objects determined by a formal system of axioms, is nonetheless the central notion for the solution of both the ontological and the epistemological problems" (Da Silva, 2000, p. 417).

[3] "In the studies for the second Vortrag Husserl explicitly ascribes relative definiteness to all arithmetics –with the exception of the arithmetic of the reals, for the latter system is intended to be categorical" (Centrone, 2010, p. 174).

(DV*) Si Γ es una teoría consistente, Γ está relativamente definida y Γ^* está relativa o absolutamente definida, entonces Γ^* es consistente.

Así pues, una teoría cuyo dominio *admita* objetos ideales solo puede estar relativamente definida (*Cf.* Glosario: objeto ideal). Husserl caracteriza dichas teorías en paralelo a las que lo están absolutamente[4]. De esta manera, si en una teoría absolutamente definida "no axiom can be added at all", las teorías relativamente definidas no admiten más proposiciones sobre su dominio, pero *sí* sobre un dominio más amplio. Del mismo modo, mientras que la verdad o falsedad de cualquier proposición φ del lenguaje de una teoría absolutamente definida está decidida por sus axiomas, las teorías que lo están relativamente solo determinarán la verdad o falsedad de proposiciones acerca de su dominio:

> An axiom system is relatively definite if, for its domain of existence it indeed admits of no additional axioms, but it does admit that for a broader domain the same, and then of course also new, axioms are valid (Husserl, 2003, p. 426).

> If a manifold is relatively definite, then for its objects there is no further axiom which can be added to the axioms defined [...]

> An axiom system is relatively definite if every proposition meaningful according to it is decided under restriction to its domain (Husserl, 2003, p. 427).

El debate en torno al significado de "teoría relativamente definida" es de lo más candente en la actualidad. La interpretación de Da Silva (2000), Da Silva (2016) –que será discutida en el próximo capítulo- es que se trata de teorías "completas con respecto

---

[4] "Finally, I further distinguish *relatively* and *absolutely definite* axiom systems" (Husserl, 2003, p. 426).

a un conjunto particular de expresiones[5]" de su lenguaje. Y, por otro lado, las lecturas de Centrone (2010) y Hartimo (2018) son antagónicas: para Centrone (2010), son teorías (sintácticamente) *completas*; para Hartimo (2018), son *categóricas*. En el tercer capítulo, expusimos las dificultades que, desde un punto de vista histórico, planteaba atribuir a Husserl los conceptos de completud de una teoría y categoricidad. Ahora bien, ¿y si nos centramos, como propone Da Silva (2016), en un análisis estrictamente conceptual? ¿Son las nociones de completud y categoricidad las más adecuadas para entender la solución de Husserl al problema de los números ideales?

En mi opinión, el concepto de teoría "relativamente definida" se entiende mejor a la luz de Carnap (2000). En particular, creo que una teoría que esté relativamente definida es una teoría bifurcable y, en consecuencia, *incompleta*. Las razones a favor de esta interpretación se tratarán en la siguiente sección. A continuación, explicaré las tesis de Centrone (2010) y de Hartimo (2018) y argumentaré que son incompatibles con que la teoría sea bifurcable. Es decir, si aceptamos que la intuición que subyace a la idea de teoría "relativamente definida" es que es bifurcable, entonces es imposible que sea, al mismo tiempo, completa o categórica. En consecuencia, ni una ni otra lectura de la solución de Husserl serían conceptualmente coherentes con lo que él mismo sostiene en la *Doppelvortrag*. Sin embargo, si defendemos que una teoría "relativamente definida" es una teoría bifurcable, entonces la solución de Husserl es errónea, pues PA^2, por ejemplo, no es bifurcable. Por tanto, los intérpretes de Husserl se enfrentan, desde mi punto de vista, al siguiente *dilema*:

---

[5] "The notion of absolute definiteness is identical with Hilbert's notion of *deductive* or *syntactic completeness*, whereas the notion of relative definiteness is a particular case of it, being nothing more than completeness relative to a particular set of expressions" (Da Silva, 2000, p. 417).

1. Afirmar que "teoría relativamente definida" significa "teoría completa" o "teoría categórica", obviando la evidencia a favor de entenderla como una teoría bifurcable, o bien

2. Admitir esa evidencia textual y concluir que, si una teoría relativamente definida es bifurcable, entonces la solución de Husserl no funciona.

La postura por la que optamos en este libro es (2), ya que, además de esa evidencia textual en su contra, las posiciones de Centrone (2010) y Hartimo (2018) tienen otros problemas conceptuales que se desarrollarán a lo largo de este capítulo. Por otro lado, más allá de que Γ y Γ^* "estén definidos", Husserl habla de otra condición *más* en virtud de la cual $7 + 5 = 12$ y no $12,001$ en los enteros, racionales, etc., que no ha sido suficientemente enfatizada por los comentaristas de la *Doppelvortrag*. Esta condición será discutida en la última sección del capítulo.

4.2. Bifurcabilidad

Uno de los rasgos más característicos de las teorías bifurcables es que hay al menos una función proposicional g de su lenguaje tal que ni ella ni $\neg g$ son consecuencia de la teoría. De ahí que Carnap pusiera a la geometría absoluta como ejemplo de teoría bifurcable, pues el quinto postulado es independiente de los otros cuatro[6]. Sea Γ la teoría de la geometría absoluta y φ el axioma de las paralelas. En tanto que la geometría absoluta es la parte común

---

[6] "Ein Axiomensystem heisst „gabelbar" (an S) wenn es einen Satz S (in den Grundbegriffen des Systems) gibt, sodass S wie auch seine Negation S mit den Axiomen verträglich ist, .d .h. wenn S unabhängig von den Axiomen ist. Beispiel: Das System der Euklidischen Geometrie ohne das Parallelenaxiom ist am Parallelenaxiom gabelbar" (Bonk y Mosterín, 2000, p. 19).

tanto a la euclidiana como a la hiperbólica, parece que $Mod(\Gamma \cup \{\varphi\})$ y $Mod(\Gamma \cup \{\neg\varphi\})$ son dominios "más amplios" que $Mod(\Gamma)$[7]. Cuando Husserl explica la manera en que un dominio se enriquece con objetos ideales está pensando en términos muy similares, ya que:

> The manifold (the domain) cannot be broadened in such a way that the same axiom system is valid for the broadened manifold as was valid for the old one. For in the broadened domain it cannot be that merely the old axioms are valid. Otherwise the domain would not be broadened. Therefore in the broader domain, in addition to the old axioms, yet further propositions must be valid –and, indeed, propositions that are not mere consequences of the old axioms (Husserl, 2003, p. 427).

Lo primero que hay que destacar de este párrafo es que Husserl argumenta que en el dominio ampliado ("the broadened manifold") no pueden ser válidos *solo* los axiomas que caracterizan al dominio antiguo ("the old one"), sino que nuevas proposiciones deben ser válidas. El motivo es que, de lo contrario, no puede decirse que el dominio de la teoría esté ampliado ("the domain would not be broadened"). En segundo lugar, Husserl afirma explícitamente que las nuevas proposiciones no pueden ser "meras consecuencias" de los axiomas de la teoría antigua, es decir, que deben ser independientes de los mismos. Para acabar, se debe señalar también que Husserl considera que en la teoría del dominio ampliado –además de las nuevas proposiciones- son válidos todos los axiomas del dominio antiguo ("in addition to the old axioms, yet further propositions must be valid").

Si pensamos en la teoría de los órdenes parciales, que en el primer capítulo explicamos que era bifurcable, es fácil comprobar

---

[7]$Mod(\Gamma) \sqsubset Mod(\Gamma \cup \{\varphi\})$ y $Mod(\Gamma) \sqsubset Mod(\Gamma \cup \{\neg\varphi\})$.

que el paso desde esa teoría a la de los órdenes parciales densos cumple con las condiciones que imponía Husserl. Sea Γ la teoría de los órdenes parciales, $\varphi := \forall xy(R(x,y) \wedge x \neq y \rightarrow \exists z(R(x,z) \wedge z \neq x \wedge R(z,y) \wedge z \neq y)$ y $\Gamma \cup \{\varphi\} = \Gamma^*$ la teoría de los órdenes parciales densos. Como $\mathfrak{A} = \langle \mathbb{N}, \leq \rangle$ es modelo de $\Gamma \cup \{\neg\varphi\}$ y no de $\Gamma \cup \{\varphi\}$, y $\mathfrak{B} = \langle \mathbb{Q}, \leq \rangle$ es modelo de $\Gamma \cup \{\varphi\}$ y no de $\Gamma \cup \{\neg\varphi\}$, φ es independiente de Γ. Es obvio, además, que las sentencias que axiomatizan la clase de órdenes parciales están en Γ^*. Esto es, los axiomas de Γ serán verdaderos en $\mathfrak{B}$. Este requisito de que los axiomas de la teoría sin extender *estén* en Γ^* es reiterado por el propio Husserl:

> An axiom system is *relatively definite* if, for its domain of existence it indeed admits of no additional axioms, but it does admit that for a broader domain the same, and then of course also new, axioms are valid. New axioms, since the old axioms alone in fact determine only the old domain (Husserl, 2003, p. 426).

La idea es, de nuevo, que en el dominio ampliado son válidos los mismos axiomas del dominio antiguo *más* nuevas proposiciones. Esto significa que el dominio ampliado es modelo de la teoría sin extender, o sea, que $Mod(\Gamma^*)$ es modelo de Γ, aunque es falso que $Mod(\Gamma)$ lo sea de Γ^*. Por tanto, no todos los modelos de Γ satisfacen las mismas sentencias, ya que el dominio antiguo no puede hacer verdaderas a las nuevas proposiciones que lo ampliarán (de lo contrario, "the domain would not be broadened"). Que los modelos de cierta teoría no satisfagan las mismas sentencias es, justamente, otra de las formas de decir que esa teoría es bifurcable (*Cf.* Glosario: bifurcabilidad). Luego una teoría relativamente definida es una teoría bifurcable.

Ahora bien, y a pesar de que la solución de Husserl explica el paso desde la teoría de los órdenes parciales a la de los órdenes parciales densos, ¿funciona cuando Γ es, por ejemplo, la teoría de los números naturales y Γ^* es la de los enteros (que es, en el fondo, lo que Husserl intenta explicar)? Hay un sentido muy obvio en el que no lo hace. Pues, si $\Gamma = \mathbf{PA}^2$, entonces $\delta := \forall x(\sigma(x) \neq 0)$ es uno de los axiomas de Γ. Y, si el dominio de Γ^* son los números enteros, es imposible que los axiomas antiguos sean verdaderos en $Mod(\Gamma^*)$, puesto que $\sigma(-1) = 0$. Es decir, $\models_{\mathbb{N}} \delta$ y $\not\models_{\mathbb{Z}} \delta$. Por tanto, es simplemente falso que en el paso desde la teoría de los naturales a la de cualquier otro sistema numérico (que Husserl llamaba "The Transition through the Imaginary[8]") sean válidos los mismos axiomas que caracterizaban a los naturales. La solución de Husserl también falla en un sentido quizás no tan obvio, relacionado con el concepto de categoricidad, que discutiré a continuación.

El axioma de inducción garantiza, como es sabido, que $\mathbf{PA}^2$ es una teoría categórica. De hecho, Tarski (1940) afirma que conocemos teorías categóricas para los números enteros, racionales, reales y complejos[9]. Sin embargo, según Centrone (2010, p. 174), Husserl pensaba que todos los sistemas numéricos, excepto los reales, están relativamente definidos. ¿Puede una teoría categórica ser, al mismo tiempo, una teoría bifurcable? Supongamos que Γ es una teoría categórica. Asumamos, para llegar a una contradicción, que es bifurcable. En tal caso, por la definición de bifurcabilidad, existen dos modelos $\mathfrak{R}$ y $\mathfrak{S}$ de Γ tales que $\mathfrak{R}$ satisface a g y $\mathfrak{S}$ satisface a $\neg g$ (g es una expresión bien formada del lenguaje de Γ). Esto contradice el supuesto de que era categórica, ya que $\mathfrak{R}$ y $\mathfrak{S}$ deben ser isomor-

---

[8] "The transition through the imaginary is therefore linked with the condition of definiteness, and in fact this partially definite axiom system already suffices" (Husserl, 2003, p. 431).

[9] "We know many systems of sentences that are categorical; we know, for instance, categorical systems of axioms for the arithmetic of natural, integral, rational, real, and complex numbers, for the metric, affine, projective geometry of any number of dimensions, etc." (Tarski, 1940, p. 482).

fos, lo cual implica que $\mathfrak{R}$ y $\mathfrak{S}$ satisfacen *las mismas sentencias*.
Por tanto, si Γ es categórica, es imposible que sea bifurcable. De
ahí que las teorías categóricas para los números naturales, enteros
y racionales no puedan estar *relativamente definidas*.

Es más, una teoría bifurcable es también semánticamente incompleta. Sea Γ una teoría bifurcable. Supongamos, para llegar a
una contradicción, que Γ es semánticamente completa. Por la de-
finición de bifurcabilidad, Γ tiene dos modelos $\mathfrak{R}$ y $\mathfrak{S}$ tales que $\mathfrak{R}$
satisface a una sentencia g de su lenguaje y $\mathfrak{S}$ satisface a $\neg g$, lo
cual implica que $\Gamma \not\models g$ ni $\Gamma \not\models \neg g$. Pero esto contradice la hipótesis
de que es semánticamente completa, pues si lo fuera $\Gamma \models g$ o bien
$\Gamma \models \neg g$. Luego si Γ es bifurcable, entonces es –semánticamente- incompleta. Esto explicaría por qué Husserl pensaba que una teoría
relativamente definida no decide la verdad o falsedad de todas las
proposiciones de su lenguaje (solo de aquellas que "caen" bajo el
modelo deseado de la teoría): "An axiom system is relatively definite if every proposition meaningful according to it is decided under
restriction to its domain" (Husserl, 2003, p. 427).

Por decirlo en términos de Veblen (1904, p. 346), una teoría relativamente definida es "disyuntiva", dado que "deja más de una
posibilidad abierta" con respecto a un dominio más amplio (la geometría absoluta, por ejemplo, deja abierta la posibilidad de una
geometría con el axioma de las paralelas y otra con su negación).
De ahí que Husserl afirme que "an axiom system can delimit a sphere of existence and leave open a vague, broader sphere" (Husserl,
2003, p. 437). Desde este punto de vista, la teoría Γ de los órdenes
parciales deja abierta una esfera "más amplia", $Mod(\Gamma \cup \{\varphi\})$, o
sea, la clase de los órdenes parciales densos. Así, cuando Husserl
defiende que una teoría relativamente definida admite axiomas adicionales para un "dominio más amplio" se refiere a que $\Gamma \cup \{\varphi\}$ es

satisfacible y $Mod(\Gamma \cup \{\varphi\}) \neq Mod(\Gamma)$[10]. Ahora bien, ¿qué quiere decir que una teoría relativamente definida no admite nuevos axiomas "for its objects"?

> If a manifold is relatively definite, then for its objects there is no further axiom which can be added to the axioms defined (Husserl, 2003, p. 427).

Piénsese en cualquier teoría Γ que axiomatice cierta clase de estructuras $\mathfrak{K}$. Por definición, es evidente que toda sentencia que sea verdad de $\mathfrak{K}$ está en Γ, porque, para cualquier sentencia φ del lenguaje de Γ, $\varphi \in \Gamma$ syss $\models_{\mathfrak{A}} \varphi$ para toda $\mathfrak{A} \in \mathfrak{K}$. En este sentido, podemos decir que Γ es "completa", ya que no le falta ninguna de las sentencias que es verdadera en todas las estructuras de $\mathfrak{K}$. Si esto es así, ¿qué axioma adicional podría añadirse "for its objects"? Creo que es evidente que ninguno. Si $\Gamma \cup \{\varphi\}$ es satisfacible y $\varphi \notin \Gamma$, $Mod(\Gamma \cup \{\varphi\})$ pertenece a una clase de estructuras distinta de $\mathfrak{K}$.

En las dos próximas secciones, evaluaré la plausibilidad de las posiciones de Centrone (2010) y Hartimo (2018) asumiendo que una teoría relativamente definida es bifurcable.

4.3. Completud

4.3.1. La interpretación de Centrone

Centrone (2010, p. 167) argumenta que, en base a las distintas definiciones de teoría "relativamente definida", podemos identificar esta propiedad con la completud (sintáctica) de una teoría. Para apoyar su interpretación, Centrone recurre principalmente a dos

---

[10]Recuérdese que, si Γ es categórica y $\Gamma \cup \{\varphi\}$ es satisfacible, $Mod(\Gamma \cup \{\varphi\}) = Mod(\Gamma)$.

pasajes concretos de la *Doppelvortrag*. En primer lugar, cita una de esas definiciones:

> An axiom system is relatively definite if every proposition meaningful according to it is decided under restriction to its domain (Husserl, 2003, p. 427).

Si esta definición apunta al concepto de completud de una teoría, ¿cómo explicaremos la de teoría "absolutamente definida", que dice que esas teorías deciden la verdad o falsedad de toda proposición de su lenguaje *en general*[11]? Es muy sorprendente que Centrone (2010, p. 167) no haga ninguna referencia a que, en una teoría relativamente definida, toda proposición de su lenguaje está decidida "under restriction to its domain", lo cual parece sugerir que es más bien incompleta. No obstante, la segunda cita que toma como evidencia a su favor es todavía más desconcertante:

> An irreducible axiom system is definite [...] no independent axiom can be added which is constructed purely from the concepts already defined (of course, also, none can be withdrawn, since otherwise the axiom system would not be irreducible) (Husserl, 2003, p. 434).

Centrone (2010, p. 169) está asumiendo que este sentido en que un sistema (irreducible) de axiomas "está definido" se corresponde con el significado de teoría "relativamente definida", cuando es obvio que una teoría *relativamente definida* sí admite proposiciones adicionales ("yet further propositions must be valid") independientes de los axiomas antiguos ("and, indeed, propositions that are not mere consequences of the old axioms"). Por el contrario, son

---

[11] "An axiom system is absolutely definite if every proposition meaningful according to it is decided in general" (Husserl, 2003, p. 427).

las teorías absolutamente definidas las que no admiten axiomas independientes[12]. A partir de la conclusión (errónea) de que a una teoría relativamente definida no se le puede añadir ninguna fórmula independiente, Centrone (2010, p. 169) atribuye a estas teorías cierta "maximalidad" que identifica con la propiedad de los conjuntos máximamente consistentes:

> As to the impossibility on pain of inconsistency of adding new axioms while preserving the independence of the system, this is a property which exactly corresponds –as is easily seen- to the property nowadays known as *maximality* [...] when for each closed formula φ of the language of the theory it holds that if φ is not derivable from Γ, then the system $\Gamma \cup \{\varphi\}$ is inconsistent (i.e., a contradiction is derivable from it) (Centrone, 2010, p. 169).

Es muy discutible que la imposibilidad de añadir axiomas independientes a Γ se corresponda ("as is easily seen").con que Γ es máximamente consistente ("to the property nowadays known as *maximality*"). Si pensamos en $\mathbf{PA}^2$ se cumple que, para toda sentencia φ de su lenguaje, $\mathbf{PA}^2 \models \varphi$ o bien $\mathbf{PA}^2 \models \neg\varphi$ –lo cual es consecuencia de la categoricidad de $\mathbf{PA}^2$. Por esta razón, ninguna sentencia φ de su lenguaje es independiente de $\mathbf{PA}^2$. Sin embargo, sabemos que la negación de la fórmula de Gödel, sea esta $\neg g$, no es deducible de $\mathbf{PA}^2$. ¿Implica eso que de $\mathbf{PA}^2 \cup \{\neg g\}$ se sigue una contradicción? No, dado que si lo hiciera $\mathbf{PA}^2 \vdash \varphi$ (y esto contradice el primer teorema de Gödel). Así pues, $\mathbf{PA}^2$ no es máximamente consistente, a pesar de que ninguna fórmula de su lenguaje sea independiente de ella.

---

[12] "Absolutely definite: [...](2) If it is not only "for the objects of the domain" (which gets its sense through the axioms already given) that no axiom can be added, but rather if no axiom can be added at all" (Husserl, 2003, p. 427).

Por tanto, la identificación de *no bifurcabilidad* con completud (sintáctica) no es cierta en lógica de segundo orden. Es llamativo que Centrone (2010) no repare en ello, porque ella misma defiende que Husserl y sus contemporáneos pensaban en el marco de una lógica de orden superior[13]. Por otra parte, que la teoría Γ de los números naturales sea máximamente consistente no explica cómo pasamos de Γ a Γ^* (a la teoría de los enteros, por ejemplo), pues, como afirma Hartimo, "relative definiteness is thus a property of a theory that can be extended" (Hartimo, 2018, p. 1522). Si Γ fuera máximamente consistente, entonces la adición de cualquier fórmula φ de su lenguaje tal que $\varphi \notin \Gamma$ haría contradictorio a Γ^*, porque $\neg\varphi \in \Gamma$. ¿Cómo explica Centrone, pues, ese paso desde Γ a Γ^*?

Según ella, la extensión de Γ a Γ^* es *conservativa* (*Cf.* Centrone (2010, p. 181)). Una teoría Γ^* será una extensión conservativa[14] de Γ syss, para toda sentencia φ del lenguaje de Γ, $\Gamma \vdash \varphi \Leftrightarrow \Gamma^* \vdash \varphi$. De este modo, si $7 + 5 = 12$ es una expresión del lenguaje de Γ y deducible a partir de Γ, entonces $7 + 5 = 12$ es deducible también a partir de Γ^*. Esta sería la razón por la que $7 + 5 = 12$ en la teoría de los naturales (en Γ) y en la de los enteros (en Γ^*), lo cual nos asegura que Γ^* es consistente. En palabras de Centrone:

> The thesis that Husserl proposes in the *Doppelvortrag* is a conditional claim: "if Γ is consistent and syntactically complete (definite) then every consistent extension of Γ is conservative, so that the transition through the imaginary is justified" (Centrone, 2010, p. 178).

En consecuencia, podemos sintetizar la interpretación de Centrone (2010) de la siguiente manera:

---

[13] "Husserl and his contemporaries (in general, mathematicians and logicians up to at least 1917–1920) move in a *higher-order* logical environment, that is to say, they do not work under the now standard restriction to *first-order* languages and logic" (Centrone, 2010, p. 167).

[14] *Cf.* Hodges (1993, p. 66).

(DV*$_C$) Si Γ es una teoría consistente y además completa, entonces la extensión conservativa Γ^* de Γ es consistente.

4.3.2. Completud y números ideales

Además de las dificultades señaladas en el apartado anterior, DV*$_C$ tiene, en mi opinión, dos problemas fundamentales. En primer lugar, que una teoría bifurcable (relativamente definida) no puede ser completa y, en segundo lugar, que el paso desde una teoría de los números naturales a la de los enteros, los racionales, etc. ("the Transition through the Imaginary") no es, en absoluto, una *extensión conservativa*.

Con respecto a lo primero, sea Γ una teoría bifurcable. Supongamos, para llegar a una contradicción, que Γ también es completa. De ahí se sigue que, para toda sentencia φ de su lenguaje, $\Gamma \vdash \varphi$ o bien $\Gamma \vdash \neg\varphi$, lo cual implica que $\Gamma \cup \{\varphi\}$ o $\Gamma \cup \{\neg\varphi\}$ es un conjunto contradictorio. Esto significa que uno de los dos es insatisfacible. Ahora bien, y por la definición de bifurcabilidad, hay dos modelos $\mathfrak{R}$ y $\mathfrak{S}$ de Γ tales que $\mathfrak{R}$ satisface a cierta sentencia ψ de su lenguaje y $\mathfrak{S}$ satisface a $\neg\psi$. Luego $\Gamma \cup \{\psi\}$ y $\Gamma \cup \{\neg\psi\}$ son ambos conjuntos satisfacibles, lo cual contradice el supuesto de que Γ es completa. Por tanto, Γ no puede ser bifurcable y, al mismo tiempo, (sintácticamente) completa.

En cuanto a lo segundo, reflexionemos más en detalle sobre lo que significa que una teoría Γ^* sea una extensión conservativa de Γ. Según Hodges (1993, p. 66), una manera de asegurar que Γ^* es una extensión conservativa de Γ es que Γ^* sea una *extensión definicional* de Γ, pues toda extensión definicional es conservativa. Una teoría Γ^* será una extensión definicional[15] de Γ syss Γ y Γ^*

---

[15] *Cf.* Hodges (1993, p. 60).

tienen las mismas consecuencias y todo símbolo S del lenguaje de Γ^* es explícitamente definible en Γ^* en términos de Γ.

¿Es, pues, "the Transition through the Imaginary" una extensión definicional de cierta teoría Γ? Sea Γ la teoría de los naturales y Γ^* la de los enteros. Sea c la constante individual cuya interpretación en $Mod(\Gamma^*)$ es el número -1. Una definición explícita de la constante individual c del lenguaje de Γ^* es de la forma $\forall y(y = c \leftrightarrow \varphi(y))$ (donde $\varphi(y)$ es una fórmula del lenguaje de Γ), así que $\forall y(y = c \leftrightarrow y + 1 = 0)$ es una definición explícita de la constante individual deseada.

Como destaca correctamente Hodges (1993, p. 59), la definición explícita de c tiene consecuencias que pueden formularse en el lenguaje de Γ. Es decir, de $\forall y(y = c \leftrightarrow \varphi(y))$ se sigue que $\exists_{=1} y \varphi(y)^{16}$, lo cual implica que si $\forall y(y = c \leftrightarrow \varphi(y)) \in \Gamma^*$, entonces $\exists_{=1} y \varphi(y) \in \Gamma^*$. Hodges denomina a $\exists_{=1} y \varphi(y)$ la *condición de admisibilidad*[17] de la definición explícita $\forall y(y = c \leftrightarrow \varphi(y))$. En particular, $\exists_{=1} y(y + 1 = 0)$ es la condición de admisibilidad de $\forall y(y = c \leftrightarrow y + 1 = 0)$ y es, por tanto, consecuencia de Γ^* (o sea, $\Gamma^* \models \exists_{=1} y(y + 1 = 0)$). Recordemos que, si Γ^* es una extensión definicional de Γ, entonces Γ y Γ^* deben tener las mismas consecuencias, por lo que $\exists_{=1} y(y + 1 = 0)$ también sería consecuencia de Γ (esto es, $\Gamma \models \exists_{=1} y(y + 1 = 0)$). Sin embargo, si $Mod(\Gamma)$ son los números naturales, es evidente que $\not\models_{Mod(\Gamma)} \exists_{=1} y(y + 1 = 0)$, por lo que $\Gamma \not\models \exists_{=1} y(y + 1 = 0)$. Por tanto, Γ^* no es una extensión definicional de Γ (y no puede ser, pues, conservativa en este sentido).

---

[16] $\exists_{=1} y \varphi(y) :=$ existe un único y tal que y satisface a φ.

[17] *Cf.* Hodges (1993, p. 59). Las *condiciones de admisibilidad* de una definición explícita δ juegan un papel central en el debate actual en torno al concepto de *Morita equivalencia*. A este respecto, *Cf.* Barrett y Halvorson (2016) y Mceldowney (2019).

La intuición que subyace a la idea de definición extensional es que Γ^* "no dice más" que Γ (*Cf.* Barrett y Halvorson (2016, p. 561)) o que Γ^* y Γ "dicen la misma cosa". En palabras de Mceldowney (2019, pp. 1-2), resulta natural pensar que Γ^* "no añade más teoría", o sea, que no hace ninguna afirmación sustantiva que no está en Γ. Intuitivamente, es fácil ver que el paso desde la teoría de los números naturales a la de los enteros, racionales, etc., consiste, precisamente, en hacer "afirmaciones sustantivas". Nadie diría, de hecho, que la teoría de los naturales y la de los enteros "dicen la misma cosa". El propio Husserl compara los enteros positivos con los números complejos, asegurando que en los segundos se pueden definir elementos y relaciones que no están en los primeros:

> The series of the positive whole numbers is a part of the series of numbers that is infinite at both ends. This in turn is part of the two-fold manifold of the complex numbers. The system of the positive whole numbers is defined by certain elementary relations. In these latter nothing is modified through expansion of the number series [...] In the new domain new relations as well as new elements may be defined. In the new domain there then will be such conceivable relations as include the old elements and old relations (Husserl, 2003, p. 457).

Estos nuevos elementos y relaciones se definen por medio de proposiciones que no están en la teoría "antigua" y son, por esa razón, diferentes a los que sí están descritos por los axiomas de la misma[18]. Por tanto, es poco intuitivo sostener que la teoría Γ de los enteros positivos y la de los números complejos, sea esta Γ^*, "dicen la misma cosa". Y lo es, además, en un doble sentido: no es verdad

---

[18] "New propositions express new properties [...] The expansion. The laws already defined delimit a domain. New objects are defined by means of new propositions, objects which, in virtue of the new propositions, are different from those already defined" (Husserl, 2003, p. 500).

que el paso desde la teoría de un sistema numérico a la de otro sea una extensión conservativa y tampoco lo es que Husserl pensara que debería serlo.

Volvamos ahora sobre el hecho de que Γ^* será una extensión conservativa de Γ syss $\Gamma \vdash \varphi \Leftrightarrow \Gamma^* \vdash \varphi$. Vimos que $\Gamma^* \vdash \varphi \not\Rightarrow \Gamma \vdash \varphi$ si Γ es la teoría de los naturales, Γ^* la de los enteros y $\varphi := \exists_{=1}(y + 1 = 0)$. Pues, efectivamente, φ no es un teorema de $\mathbf{PA}^2$ a pesar de que $\Gamma^* \vdash \varphi$. Ahora bien, ¿se cumple por lo menos que $\Gamma \vdash \varphi \Rightarrow \Gamma^* \vdash \varphi$? Sea Γ la teoría de los números reales y Γ^* la de los complejos. De Γ se sigue que, para todo z distinto de 0, si a es menor que b, entonces az es menor que bz, debido a que $\mathbb{R}$ es un cuerpo totalmente ordenado, esto es, que $\psi := \forall z(a < b \wedge z \neq 0 \rightarrow az < bz)$. Como explicamos en el segundo capítulo, $\mathbb{C}$ no podía ser totalmente ordenado, pues llegábamos a una contradicción cuando $z = i$ y $z = -i$. De ahí que no para todo número complejo se cumpla ψ, lo cual implica que $\Gamma^* \not\vdash \psi$, a pesar de que $\Gamma \vdash \psi$. Por tanto, $\Gamma \vdash \varphi \not\Rightarrow \Gamma^* \vdash \varphi$ y, finalmente, $\Gamma \vdash \varphi \not\Leftrightarrow \Gamma^* \vdash \varphi$ si Γ^* es una extensión "through the Imaginary" de Γ.

4.4. Categoricidad

4.4.1. La interpretación de Hartimo

Hartimo (2018) argumenta que una teoría "relativamente defini-da" es una teoría categórica. De hecho, para ella tanto las *relativa-mente definidas* como las que lo están *absolutamente* son categóri-cas[19]. Si tenemos en cuenta cuáles eran los principales objetivos de

_____

[19]"Centrone (2010) defends an interpretation of relative definiteness as syn-tactic completeness and absolute definiteness as categoricity. The present ap-

Husserl, razona Hartimo, entonces debemos concluir que la idea a la que apuntan ambos conceptos es la de *categoricidad*. Así, Hartimo (2018, p. 1523) sostiene que, según Husserl, el fin último de las matemáticas era "capturar las puras estructuras", y no demostrar teoremas. De ahí que ella no acepte la interpretación de teoría "relativamente definida" como *teoría completa* que proponía Centrone (2010). Da Silva (2000, p. 419) también atribuye a Husserl una concepción bourbakiana *avant la lettre* de la matemática como "la ciencia de los sistemas formales". No obstante, defender que su concepción de la matemática es puramente bourbakiana contradice el hecho de que, en la *Doppelvortrag*, Husserl asegura que "the mathematician is the theoretician of deduction" (Husserl, 2003, p. 409).

Por otra parte, una objeción inmediata contra la tesis de Hartimo (2018) es que, ¿por qué iba Husserl a distinguir entre teorías relativamente definidas y aquellas que lo están absolutamente si ambas son categóricas? En Hartimo (2017), ella ofrece una interpretación más matizada, ya que afirma que "both are categorical at least in some general sense" (Hartimo, 2017, p. 252). Esto es, para Hartimo (2017) una teoría relativamente definida es categórica y una teoría absolutamente definida es categórica y, además, Hilbert completa (*Cf.* Glosario: completud de Hilbert). Ya vimos en el segundo capítulo que, como mostró Baldus (1928), no toda teoría Hilbert completa es necesariamente una teoría categórica. Pero, ¿hay teorías categóricas que no son Hilbert completas (que, según Hartimo, son las relativamente definidas)?

Sea Γ una teoría categórica. Supongamos, para llegar a una

---

proach is in agreement with her account of absolute definiteness, but holds that also the former, relative definiteness should be understood as categoricity" (Hartimo, 2018, p. 1522).

contradicción, que Γ no es Hilbert completa. Por la definición de completud de Hilbert, esto significa que existe un modelo $\mathfrak{R}$ de Γ tal que $\mathfrak{R}$ es una subestructura de $\mathfrak{S}$, $\mathfrak{R} \neq \mathfrak{S}$ y $\mathfrak{S}$ es modelo de Γ. Que $\mathfrak{R}$ sea distinto de $\mathfrak{S}$ implica que $\mathfrak{R}$ es una subestructura *propia* de $\mathfrak{S}$, por lo que no es posible definir un isomorfismo h desde $\mathfrak{R}$ hacia $\mathfrak{S}$. Sin embargo, esto contradice el supuesto de que Γ era una teoría categórica, porque todos sus modelos debían ser isomorfos. Por tanto, una teoría categórica no puede ser Hilbert incompleta. De modo que, si una teoría relativamente definida es categórica, también es Hilbert completa (por lo que la distinción entre estas y las absolutamente definidas *se diluye*).

En Hartimo (2007), ella defiende que una teoría relativamente definida es una teoría que no puede ser extendida sin que cambie su dominio[20]. En este sentido, estaría de acuerdo en tanto que, desde mi punto de vista, una teoría relativamente definida Γ es "completa", pues incluye todas las sentencias que son *verdaderas* en $Mod(\Gamma)$. Sin embargo, de ahí Hartimo (2007) parece inferir que Γ describe $Mod(\Gamma)$ hasta el isomorfismo, lo cual no se sigue de esa suerte de "completud". Pues, por ejemplo, si Γ axiomatiza la clase de los grupos, es evidente que ninguna sentencia que sea verdadera en todos los grupos faltará en Γ, pero eso no implica que sea categórica (y, de hecho, no lo es). Hartimo (2007) continúa afirmando que solamente es posible *una* interpretación para las teorías que están relativamente definidas, porque de lo contrario "it would leave 'possibilities open' and would not be fully determined" (Hartimo, 2007, p. 303).

Es sorprendente que Hartimo (2007) defienda que *solo una* in-

---

[20] "Relatively definite axiom system is, according to him, an axiom system whose domain of existences is such that it does not allow adding any new axioms without simultaneously extending the domain of existents" (Hartimo, 2007, p. 303).

terpretación es posible para una teoría relativamente definida, cuando, según Husserl, una teoría de este tipo tendrá un dominio "más amplio" donde son válidas nuevas proposiciones. En palabras del propio Husserl, "an axiom system is relatively definite if [...] for a broader domain the same, and then of course also new, axioms are valid (Husserl, 2003, p. 426). Pero es obvio que si Γ tiene un solo modelo y $Mod(\Gamma^*)$ es modelo de Γ, entonces $Mod(\Gamma^*) = Mod(\Gamma)$, de manera que es imposible que exista una proposición φ tal que $\not\models_{Mod(\Gamma)} \varphi$ y $\models_{Mod(\Gamma^*)} \varphi$ y, por lo tanto, que Γ "se bifurque" en φ (lo cual contradice que "in addition to the old axioms, yet further propositions must be valid").

De hecho, Husserl afirma explícitamente que son las teorías absolutamente definidas, y no las que lo están relativamente, las que tienen un solo modelo. Si una teoría absolutamente definida tuviera más de un modelo, entonces sus axiomas serían verdaderos en más de un "dominio", lo cual contradice que "I call a manifold absolutely definite if there is no other manifold which has the same axioms (all together) as it has" (Husserl, 2003, p. 426). Por ejemplo, en tanto que los axiomas que describen la clase $\mathfrak{K}$ de los grupos son verdaderos en la clase $\mathfrak{K}'$ de los grupos abelianos, $Th(\mathfrak{K})$ no puede estar "absolutamente definida".

Del mismo modo, son las teorías absolutamente definidas (y no las que lo están solo relativamente) las que no dejan ninguna posibilidad abierta[21]. Las relativamente definidas, en cambio, "delimit a sphere of existence and leave open a vague, broader sphere" (Husserl, 2003, p. 437). Y esto es precisamente lo que explicará que las teorías relativamente definidas puedan ser extendidas "through the

---

[21] "This is the case with the axiom systems that are absolute or essentially complete [...] An essentially complete operational system is, thus, one such that, with regard to the forms of relation and combination which it in general founds, no possibility remains open" (Husserl, 2003, p. 435).

Imaginary". ¿Cuál es, pues, la tesis principal de la *Doppelvortrag* según Hartimo[22]?

(DV*$_H$) Si Γ es una teoría consistente y además categórica, entonces la extensión conservativa Γ^* de Γ es consistente.

En el siguiente apartado mostraré por qué DV*$_H$ es incompatible con que Γ sea bifurcable y discutiré en qué medida esta interpretación puede ser vista como una solución al problema de los números ideales.

4.4.2. Categoricidad y números ideales

La razón por la que DV*$_H$ es incompatible con que la teoría sea bifurcable es que una teoría no puede ser bifurcable y, al mismo tiempo, categórica. Sea Γ una teoría bifurcable. Supongamos, para llegar a una contradicción, que Γ es categórica. Por la definición de categoricidad se tendrá que, para cada par de modelos $\mathfrak{R}$ y $\mathfrak{S}$, si $\mathfrak{R}, \mathfrak{S} \in \mathfrak{K}$ –y $\mathfrak{K}$ es la clase de modelos de Γ-, entonces existe un isomorfismo h desde $\mathfrak{R}$ hacia $\mathfrak{S}$. Así, y puesto que todos los modelos de Γ son isomorfos, todos los modelos de Γ satisfacen las mismas sentencias. Sin embargo, esto contradice el supuesto de que Γ era bifurcable, puesto que Γ lo es syss tiene dos modelos $\mathfrak{R}$ y $\mathfrak{S}$ tales que $\mathfrak{R}$ satisface a φ y $\mathfrak{S}$ satisface a $\neg\varphi$ (donde φ es una sentencia del lenguaje de Γ). Luego si Γ es bifurcable, es imposible que sea categórica.

Por otro lado, todavía está por explicar de qué manera DV*$_H$ permite dar una respuesta al problema de los números ideales. Asumiendo, pues, que Γ y Γ^* son teorías categóricas, ¿garantiza esto

---

[22] "Our suggestion is that Husserl's remarks in the double lecture are best understood if by the formal domain Husserl means something like a domain of a categorical theory" (Hartimo, 2007, p. 301).

que $7 + 5 = 12$ y no 12,001 cuando enriquecemos el dominio de Γ con objetos ideales? Creo que, en principio, si Γ y Γ^* son dos teorías categóricas y $Mod(\Gamma) \neq Mod(\Gamma^*)$ (pues, de lo contrario, "the domain would not be broadened"), no tenemos ninguna garantía de que $Mod(\Gamma^*)$ satisfaga justamente las sentencias del lenguaje de Γ que son verdad en $Mod(\Gamma)$ y que queremos que estén en Γ^*. Por esta razón, Hartimo atribuye a Husserl la creencia de que "from full determinability syntactic completeness follows" (Hartimo, 2018, p. 1523). No obstante, tampoco está del todo claro de qué forma a partir de Γ^* serán deducibles las sentencias que son teoremas de Γ y que queremos que estén en Γ^* –Centrone (2010) lo resolvía afirmando que la extensión Γ^* de Γ es *conservativa*-. Hartimo defiende que para Husserl la completud sintáctica se seguía de la categoricidad en varios de sus textos[23]:

> At least Husserl suggests that the categoricity implying maximality guarantees that the use of imaginary numbers does not result in contradictions, and it also renders imaginary numbers as "legitimately" existing concepts (Hartimo, 2007, p. 304).

> An analysis of Husserl's writings shows that Husserl also intended to capture a full characterization of the *domain* of the theory in question. He wanted the axiomatic theories to be categorical [...] This is a semantic property, which to Husserl entails, and sometimes is conflated with, syntactic completeness (Hartimo, 2018, p. 1510).

---

[23]Hartimo (2018, p. 1518) refuerza su argumento citando el *ideal euclidiano* que Tennant (2000) llamaba "monomatemáticas". *Cf.* Cap. 3. No obstante, Hartimo (2018) es consciente de que, por el teorema de Gödel, $\mathbf{PA}^2$ es categórica, pero *incompleta*. Por el de Löwenheim-Skolem, ninguna teoría de primer orden categórica puede tener un modelo que sea *infinito numerable*, así que $\mathbf{PA}^1$ no puede ser categórica ($\mathbf{PA}^1$ tiene modelos no estándar).

¿Pueden ser Γ y Γ^* teorías *categóricas* y la extensión Γ^* de Γ *conservativa*? Como vimos más arriba, Γ^* es una extensión conservativa de Γ syss $\Gamma \vdash \varphi \Leftrightarrow \Gamma^* \vdash \varphi$. Intuitivamente, diremos que, si Γ^* es una extensión conservativa de Γ, entonces Γ y Γ^* deben tener las mismas consecuencias. Es fácil ver que si Γ y Γ^* son teorías categóricas y $Mod(\Gamma) \neq Mod(\Gamma^*)$, es imposible que ambas tengan las mismas consecuencias. Para toda sentencia φ del lenguaje de Γ se cumple que φ es verdadera o falsa en la clase $\mathfrak{K}$ de estructuras isomorfas que es $Mod(\Gamma)$, lo cual implica que $\Gamma \models \varphi$ o bien $\Gamma \models \neg\varphi$. Y, para toda sentencia ψ del lenguaje de Γ^*, se cumple que ψ es verdadera o falsa en la clase $\mathfrak{K}'$ de estructuras isomorfas que es $Mod(\Gamma^*)$, es decir, que $\Gamma^* \models \psi$ o bien $\Gamma^* \models \neg\psi$. Así pues, para que Γ y Γ^* tuvieran las mismas consecuencias, es evidente que las sentencias que son verdaderas en $\mathfrak{K}$ deberían serlo también en $\mathfrak{K}'$ (o, dicho de otra manera, $\mathfrak{K}$ y $\mathfrak{K}'$ deberían ser "esencialmente" la misma clase), lo cual contradice el hecho de que $Mod(\Gamma) \neq Mod(\Gamma^*)$. De modo que, si Γ y Γ^* son dos teorías categóricas *distintas*, entonces el paso de una a otra no puede ser una extensión conservativa.

De hecho, existen teorías categóricas para los números naturales, enteros, racionales, reales y complejos que, como es evidente, no tienen todas ellas las mismas consecuencias. Que el paso de unas a otras no sea mediante sucesivas extensiones conservativas y que ninguna de ellas sea bifurcable muestra, pues, por qué la solución de Husserl no funciona. No todos los axiomas de Γ serán axiomas de Γ^*. Es decir, la teoría de los enteros no es $\mathbf{PA}^2 \cup \Delta$, donde Δ es un conjunto de nuevas fórmulas que son independientes de $\mathbf{PA}^2$. De ahí que el paso "through the Imaginary" no sea análogo al modo en que pasamos de la geometría absoluta a la euclidiana (o de los órdenes parciales a los densos, o de los grupos a los grupos abelianos, etc.). Por tanto, mi postura al respecto es que, desde un punto de vista contemporáneo, la solución de Husserl resulta insalvable.

Hartimo (2018), en cambio, parece pensar otra cosa. Si interpretamos que una teoría "relativamente definida" es categórica, la propuesta de Husserl no parece tan desencaminada, porque las teorías que él considera relativamente definidas (la de los naturales, enteros y racionales) son, de hecho, categóricas. Pero esto implica *obviar* la evidencia a favor de que una teoría relativamente definida es bifurcable que vimos más arriba. Y, al hacerlo, se pierde la solución de Husserl al problema de los números ideales, porque si $Mod(\Gamma^*)$ es modelo de Γ (o sea, si los axiomas de Γ son verdaderos en $Mod(\Gamma^*)$), la extensión Γ^* no entra en contradicción con Γ, que es lo que Husserl pretendía demostrar. Del mismo modo, se pierde la distinción entre teorías relativa y absolutamente definidas. Luego debemos elegir entre leer a Husserl "forzando" sus tesis para que su propuesta sea plausible (y, dentro de esta opción, la interpretación de Hartimo (2018) se acerca *más* a lo que sabemos del paso de $\mathbf{PA}^2$ a las teorías de los enteros, racionales, etc., que la de Centrone (2010)) o concluir que esa propuesta no puede serlo si tomamos en consideración todo lo que dice en la *Doppelvortrag*.

4.5. El concepto de "inmersión" en la *Doppelvortrag*

En la literatura especializada, el hecho de que Γ y Γ^* "estén definidas" se toma como una condición suficiente para que, si Γ es consistente, Γ^* también lo sea. Sin embargo, en la *Doppelvortrag* Husserl asegura que esta condición, aunque necesaria, no es suficiente:

The following general law seems to result: A transition

through the imaginary is permitted 1) if the imaginary can be formally defined in a consistent and comprehensive system of deduction, and 2) if the original domain of deduction when formalized has the property that every proposition falling within that domain is either true on the basis of the axioms of that domain or else is false on the same basis (i.e., is contradictory to the axioms).

However, it is easily seen that this formulation does not suffice, although it already brings to expression the most essential part of the truth (Husserl, 2003, p. 428).

Según Husserl, la otra condición necesaria para que Γ^* sea consistente es que *sepamos* que las proposiciones sobre el dominio antiguo que se siguen de Γ^* son verdaderas también en el dominio de Γ. Esto es, que si $7 + 5 = 12$ (o sea, una proposición que no hace referencia a números negativos) es consecuencia de la teoría de los enteros, entonces $7 + 5 = 12$ es verdadera en los naturales:

The utilization of a broader system in order to bring forth propositions of the narrower one can only be permitted *if we possess some characterizing mark* by which we recognize that every proposition that has a sense in the narrower domain also is decided in the broader one, thus must be its consequence or its contradictory (Husserl, 2003, p. 437; las cursivas son mías).

Consideremos, por ejemplo, la teoría Γ que axiomatiza la clase de los grupos y sea Γ^* la teoría de los grupos abelianos. La "characterizing mark" que nos permite saber que la operación $\oplus$ es asociativa en $Mod(\Gamma^*)$ es que $Mod(\Gamma^*)$ es modelo de Γ (esto es, que la clase de los grupos abelianos está incluida en la de los grupos). Aunque no es cierto que $\mathbb{C}$ (o sea, $Mod(\Gamma^*)$) sea modelo de la teoría Γ que axiomatiza el cuerpo ordenado, arquimediano y completo $\mathbb{R}$, creo que es interesante cómo explica Husserl dicha "characterizing mark" desde el punto de vista de las *estructuras* y no de las teorías.

Pues, en cierto sentido, Husserl parece inferir que, si los axiomas de la teoría antigua son verdaderos en el dominio más amplio, entonces este debe *contener* al dominio antiguo[24]. Y esa es una de las claves de "the transition through the Imaginary" (a pesar de que no haya sido suficientemente enfatizada en la literatura):

> But precisely this relationship between axiom systems –according to which a narrower is contained within a broader [...]- is the presupposition for the possibility of the transition through the Imaginary (Husserl, 2003, p. 451).

Es decir, *sabemos* que es posible pasar de Γ a Γ^* sin contradicción siempre que los axiomas de Γ estén en Γ^* (o sea, que Γ^* sea el resultado de que Γ "se bifurque" en una sentencia φ o, de acuerdo con mi interpretación, que Γ esté relativamente definida). La "characterizing mark" es, pues, que "a narrower [axiom system] is contained within a broader" (Husserl, 2003, p. 451). Desde el punto de vista de las estructuras, esto implica que cada sistema numérico de la jerarquía de números está contenido en los sucesivos niveles de la misma. "Every number domain of lower level is completely contained in every number domain of higher level", pues "every axiom system of lower level is completely contained in every axiom system of higher level" (Husserl, 2003, p. 448).

Como señala Hodges (2006, p. 40), Peacock ya describió los procesos que servirán para añadir nuevos tipos de números. Según él, Peacock consideraba a los naturales, enteros, racionales, reales y complejos diferentes "estructuras" (Hodges llama a esta jerarquía[25] "jerarquía de Peacock"). El paso de unas a otras se produce

---

[24] "We can compare two axiom systems of this kind with each other with respect to domain, that we can perhaps prove that the domain of the one is contained in that of the other, and that we therefore can speak of the expansion or the contraction of the domain" (Husserl, 2003, p. 421).

[25] $\mathbb{N} \subset \mathbb{Z} \subset \mathbb{Q} \subset \mathbb{R} \subset \mathbb{C}$.

tanto añadiendo nuevas operaciones o relaciones (*expansión*) como añadiendo nuevos elementos (*extensión*). Husserl parece ser consciente de ello en varios momentos de los apéndices a la *Doppelvortrag*:

> In the old domain are defined at one stroke the elements, the numbers, and then the relations and the laws for the relations and combinations of the numbers. In the new domain new relations as well as new elements may be defined (Husserl, 2003, p. 457).

> We consider, now, an axiomatically defined, completely determinate manifold as a sub-structure within a more encompassing manifold. Then in this latter there will be new elements and new relations (Husserl, 2003, p. 461).

> The relational framework can then be part of an encompassing one. Thereby new elements and new relations are to obtained (Husserl, 2003, p. 463).

No obstante, Husserl impone una restricción a esa expansión (o extensión) de cierto sistema numérico. Considérese la estructura $\mathfrak{N} = \langle \mathbb{N}, 0, +, \cdot \rangle$. Sobre $\mathbb{N}$ podemos definir la resta de dos números naturales a y b syss $a > b$. Si extendemos el universo de $\mathfrak{N}$ con los números negativos, entonces podemos definir la resta para todo $a, b \in \mathbb{Z}$, así como la multiplicación de dos números enteros cualesquiera. Ahora bien, la extensión del universo de $\mathfrak{N}$ con números negativos *no debe* afectar a la suma y a la multiplicación de naturales. Esto es, las operaciones definidas sobre $\mathbb{N}$ tienen que dar el mismo resultado cuando pasan a estarlo sobre $\mathbb{Z}$. En términos de Husserl, ni las nuevas operaciones ni los nuevos elementos deben interferir[26] con las operaciones ya definidas sobre números *no ideales*.

---

[26] "But the new relations cannot, in whatever manner, disturb the completely determinate old ones, and consequently also cannot disturb any of the concepts and truths that receive their determinateness precisely through that determinateness" (Husserl, 2003, p. 461).

De ahí que Husserl afirme que "if I expand an $\mathfrak{M}_0$ to $\mathfrak{M}$, then the $\mathfrak{M}_0$ remains in $\mathfrak{M}$ thus as structure still an $\mathfrak{M}_0$. It is not thereby modified in species" (Husserl, 2003, p. 456).

De este modo, si $\mathfrak{M}_0$ es la estructura $\mathfrak{N} = \langle \mathbb{N}, 0, +, \cdot \rangle$ y $\mathfrak{M}$ es la que resulta de extender el universo de $\mathfrak{N}$ con los negativos y de "redefinir" sus operaciones para todos los números enteros, Husserl está afirmando que $\mathfrak{N} = \langle \mathbb{N}, 0, +, \cdot \rangle$ permanece en $\mathfrak{M}$ como una estructura que no será "modified in species". O, dicho de otro modo, que $\mathfrak{M}_0$ contiene una *copia* de $\mathfrak{M}$. De hecho, en algunos textos Husserl es todavía más explícito al respecto:

> $\mathfrak{M}_E$ is to be an expansion of $\mathfrak{M}_0$. Thus $\mathfrak{M}_E$ consists of the elements of $\mathfrak{M}_0$ plus other elements. But that does not suffice. The $\mathfrak{M}_0$ must be a part of $\mathfrak{M}_E$. $\mathfrak{M}_E$ has a part that falls under the concept $\mathfrak{M}_0$. But that too is not sufficient. The expansion to $\mathfrak{M}_E$ must not disturb $\mathfrak{M}_0$ as that which it is, and above all must not specialize it (Husserl, 2003, p. 454).

> If a manifold is given to me as an $\mathfrak{M}_0$, then $\mathfrak{M}$ is an expansion of $\mathfrak{M}_0$ if $\mathfrak{M}_0$ undergoes no further "specialization" within $\mathfrak{M}$ (Husserl, 2003, p. 456).

Que la extensión $\mathfrak{M}_E$ no deba "especializar" la estructura $\mathfrak{M}_0$ que es parte suya significa, en mi opinión, que $\mathfrak{M}_E$ contiene una copia de $\mathfrak{M}_0$. En Teoría de Modelos, decimos que existe una inmersión[27] ("embedding") h desde $\mathfrak{M}_0$ hacia $\mathfrak{M}_E$ (en símbolos $\mathfrak{M}_0 \ \tilde{\sqsubseteq}\ \mathfrak{M}_E$). Sea $\mathfrak{M}$ la estructura $\mathfrak{M} = \langle \mathbb{Z}, 0, +', \cdot' \rangle$ (la resta se define como la inversa de la suma). Si hay una inmersión h desde $\mathfrak{N}$ hacia $\mathfrak{M}$, entonces se cumple la intuición husserliana de que la extensión $\mathfrak{M}$ de $\mathfrak{N}$ no tiene que interferir con las operaciones ya definidas sobre números no ideales (o sea, sobre el universo de $\mathfrak{N}$). Pues, en efecto, $+'|_{\mathbb{N}} = +$ y $\cdot'|_{\mathbb{N}} = \cdot$. Es decir, la restricción de la suma definida

---

[27] *Cf.* Manzano (1999, pp. 26-27) y Hodges (1993, pp. 5-6).

sobre los enteros *a los naturales*[28] será la suma definida sobre los
números naturales (y lo mismo sucede con la multiplicación).

Esta idea de que cada expansión (o extensión) de los sistemas
numéricos debe contener una *copia* de los niveles inferiores de esa
"jerarquía de Peacock" es, además, coherente con la construcción
de los números. Como comentamos en el primer capítulo, $\mathbb{N} \subset \mathbb{Z} \subset$
$\mathbb{Q} \subset \mathbb{R} \subset \mathbb{C}$ es un abuso de notación. El motivo es que no hay una
relación de inclusión estricta entre esas estructuras, porque $\mathbb{N}$ es un
conjunto de números, $\mathbb{Z}$ es un conjunto cociente de $\mathbb{N} \times \mathbb{N}$, $\mathbb{Q}$ lo es
de $\mathbb{Z} \times \mathbb{Z}^*$, $\mathbb{R}$ es un conjunto de cortaduras de Dedekind y $\mathbb{C}$ será
$\mathbb{R} \times \mathbb{R}$. Así, lo que realmente está diciendo la jerarquía es que $\mathbb{Z}$
contiene una subestructura que es *matemáticamente indistinguible*
de $\mathbb{N}$ (sea esta $\mathbb{Z}_+$), $\mathbb{Q}$ contiene copias de $\mathbb{Z}$ y $\mathbb{N}$, etc. Por tanto,
$7 + 5 = 12$ y no 12,001 cuando pasamos a los enteros porque $7_{\mathbb{Z}}$
(la clase de equivalencia de $\mathbb{N} \times \mathbb{N}$ que la inmersión h le asigna al
número natural 7) sumado a $5_{\mathbb{Z}}$ (a la clase de equivalencia de $\mathbb{N} \times \mathbb{N}$
que h le asigna al 5) es igual a $12_{\mathbb{Z}}$ (la clase de equivalencia de $\mathbb{N} \times \mathbb{N}$
que h le asigna al 12). Y, de hecho, $h(7 + 5) = h(7) + h(5)$.

Puesto que los primeros teoremas de la teoría de modelos quizás
sean los de Löwenheim (1915) y Skolem (1920) es evidente que no
encontraremos una prueba de que $\mathbb{N} \: \tilde{\subseteq} \: \mathbb{Z} \: \tilde{\subseteq} \: \mathbb{Q} \: \tilde{\subseteq} \: \mathbb{R} \: \tilde{\subseteq} \: \mathbb{C}$ en la
Doppelvortrag. Sin embargo, sí es cierto que Husserl argumenta que
esta relación entre sistemas de axiomas (y, en consecuencia, también
entre sus dominios) en virtud de la cual el antiguo está contenido en
el más amplio es condición de posibilidad de "the transition through
the Imaginary" (*Cf.* Husserl (2003, p. 451)). Así pues, si el segundo
es restringido al dominio del primero, el sistema de axiomas que

---

[28] "The operations with the expanded numbers must pass over into operations with the old numbers if we restrict the present numbers in such a way
that the old numbers result" (Husserl, 2003, p. 441).

resulta es el antiguo:

> The axiom system is preserved only for the old domain.
> But new objects are defined and an axiom system so
> constructed that when restricted to the old domain it
> becomes the old axiom system (Husserl, 2003, p. 477).

Y, como señala al final de la *Doppelvortrag*, solamente si *sé* que los nuevos elementos, operaciones o relaciones no afectan a las operaciones y relaciones entre números del dominio antiguo puedo concluir que la introducción de "lo ideal" no lleva a contradicciones. Pues "our intention can be only upon such 'imaginaries' as do not violate consistency" (Husserl, 2003, p. 452).

4.6. Conclusiones

En este capítulo, empezamos analizando el concepto husserliano de teoría "relativamente definida" a la luz del de teoría "bifurcable" de Carnap (2000). Así, en la *Doppelvortrag* Husserl parece asumir que el paso desde la teoría Γ de los naturales a las teorías Γ^* de los enteros, racionales, etc., es análogo al modo en que pasamos de la geometría absoluta a la euclidiana, pues afirma que los axiomas de Γ son *todos* verdaderos en el dominio de Γ^*. De ahí que, según Husserl, $\Gamma^* = \Gamma \cup \Delta$ (donde Δ es un conjunto de sentencias independientes de Γ). Desde un punto de vista contemporáneo, es evidente que "the transition through the Imaginary" no funciona así, porque el primer axioma de Peano, por ejemplo, es obviamente falso en cualquier sistema numérico que contenga números negativos. Y, por otro lado, el hecho de que una teoría relativamente definida sea bifurcable hará imposible que sea completa (la interpretación de Centrone (2010)) y que sea categórica (lo que defiende Hartimo (2018)).

Centrone (2010) defiende que Γ es una teoría completa y que la extensión Γ^* de Γ es conservativa. Más allá de que es imposible que una teoría bifurcable sea completa, identificar las teorías "relativamente definidas" con las que son "completas" tiene algunos problemas muy claros. El más evidente era que las teorías relativamente definidas admiten axiomas independientes (que, por esa razón, no están en Γ) y el resultado no es un conjunto contradictorio. En lo relativo a si "the transition through the Imaginary" es o no una sucesión de extensiones *conservativas*, en mi opinión pensar que para Husserl debía serlo debilita mucho su posición. No en vano, es obvio que la teoría de los números naturales, enteros, etc., no tienen las mismas consecuencias. El bicondicional $\Gamma \vdash \varphi \Leftrightarrow \Gamma^* \vdash \varphi$ no se tiene en ninguno de los dos sentidos.

Hartimo (2018) sostiene que Γ y Γ^* son teorías categóricas. De nuevo, es imposible que una teoría bifurcable sea categórica. No está del todo claro de qué manera esta interpretación explica la solución de Husserl al problema de los números ideales, pues las consecuencias comunes a dos teorías categóricas *distintas* pueden no ser las fórmulas que nos interesa preservar. Además, que tanto las teorías relativamente definidas como las que lo están absolutamente apunten, según Hartimo, a la misma propiedad (la categoricidad) resulta poco intuitivo, ya que, si esto es así, ¿por qué habría distinguido Husserl entre dos tipos de teorías definidas? De hecho, la interpretación de Hartimo se enfrenta a la objeción de que son las absolutamente definidas (y no ya las que lo están solo relativamente), las que según Husserl tienen un *único modelo*. Es cierto, no obstante, que sabemos que las teorías que Husserl parece tener en mente como relativamente definidas *son* categóricas, lo cual podría hacer algo más plausible su punto de vista.

Sí que es más plausible, en mi opinión, la segunda condición que

Husserl impone a "the transition through the Imaginary". Aunque no tan enfatizada por los comentaristas, esa condición establece que el dominio más amplio (o sea, el dominio de Γ^*) debe contener una *copia* del dominio antiguo (es decir, del dominio de Γ). Esto es una consecuencia natural de que Husserl pensara que el dominio más amplio también es modelo de Γ, esto es, de que *todos* los axiomas de Γ están en Γ^*. En teoría de modelos, si la estructura $\mathfrak{B}$ contiene una copia de la estructura $\mathfrak{A}$, decimos que hay una inmersión h desde $\mathfrak{A}$ hacia $\mathfrak{B}$. Espero haber mostrado que, en la *Doppelvortrag*, hay suficiente evidencia textual para atribuir a Husserl un concepto intuitivo de *inmersión* y que este es coherente con la construcción de los números.

Capítulo 5

Denotación y números ideales: el enfoque multivariado y el enfoque parcial

5.1. Introducción

La solución de Husserl al problema de los números ideales no es correcta, ya que no es en absoluto cierto que *todos* los axiomas de los números naturales sean verdaderos en sistemas numéricos más amplios. El ejemplo que poníamos era el primer axioma de Peano, $\delta := \forall x(\sigma x \neq 0)$, que es obviamente falso en cualquier sistema numérico que incluya al -1. Del mismo modo, como señala Hodges (2006, p. 41), la sentencia $\forall x(x^2 \neq 2)$ es verdadera en los naturales, enteros y racionales, pero falsa en los reales y complejos; $\forall x(x^2+1 \neq 0)$, que expresa que ningún número es la raíz cuadrada de -1, es verdadera en todos los sistemas numéricos salvo en los complejos.

De hecho, Hodges apunta que "hay un patrón subyacente". Sea $\mathbb{N} \mathrel{\tilde{\sqsubseteq}}$ $\mathbb{Z} \mathrel{\tilde{\sqsubseteq}} \mathbb{Q} \mathrel{\tilde{\sqsubseteq}} \mathbb{R} \mathrel{\tilde{\sqsubseteq}} \mathbb{C}$ la llamada "jerarquía de Peacock". Las sentencias de la forma

$$\forall x_1, ..., x_n \phi(x_1, ..., x_n),$$

donde $\phi(x_1, ..., x_n)$ está libre de cuantificación, que sean verdaderas en $\mathbb{Q}$ también lo serán en $\mathbb{N}$ y en $\mathbb{Z}$, pero no necesariamente en $\mathbb{R}$ y en $\mathbb{C}$. Es decir, las sentencias *universales* se preservan bajo subestructura y reducción[1], pero no necesariamente bajo extensión y expansión[2]. De acuerdo con Husserl, una sentencia como $\forall x(x^2 + 1 \neq 0)$ es verdadera, por ejemplo, en los enteros (esto es, $\models_{\mathbb{Z}} \forall x(x^2 + 1 \neq 0)$) por la siguiente razón:

> Let us consider, for example, the axiom system of the whole numbers, positive and negative. Then, $x^2 = -a$, $x = \pm\sqrt{-a}$ certainly has a sense. For square is defined, and $-a$, and $=$ also. But "in the field" there exists no $\sqrt{-a}$. The equation is false in the field, since such an equation cannot hold at all in the field (Husserl, 2003, pp. 438-39).

Sea $\mathcal{J}$ una interpretación tal que $\mathcal{J} = \langle \mathfrak{A}, g \rangle$, donde $\mathfrak{A}$ es el anillo de los enteros y g una asignación ($g_x^{\mathbf{x}}$ es, pues, la asignación variante). En términos contemporáneos, lo que está diciendo Husserl es que no existe ningún $\mathbf{x} \in \mathbb{Z}$ tal que $\mathcal{J}_x^{\mathbf{x}}$ satisface a $x^2 + 1 = 0$. Por el contrario, si $\mathcal{J}' = \langle \mathfrak{B}, h \rangle$ y $\mathfrak{B}$ es el cuerpo de números complejos, entonces existe un $\mathbf{x} \in \mathbb{C}$ tal que $\mathcal{J}_x'^{\mathbf{x}}$ satisface a $x^2 + 1 = 0$

---

[1] "Suppose L^- and L^+ are signatures, and L^- is a subset of L^+. Then if $\mathfrak{A}$ is an L^+-structure, we can turn $\mathfrak{A}$ into an L^--structure by simply forgetting the symbols of L^+ which are not in L^- [...] The resulting L^--structure is called the L^--reduct of $\mathfrak{A}$ or the reduct of $\mathfrak{A}$ to L^-" (Hodges, 1993, p. 9).

[2] "When $\mathfrak{A}$ is an L^+-structure and $\mathfrak{C}$ is its L^--reduct, we say that $\mathfrak{C}$ is an expansion of $\mathfrak{C}$ to L^+" (Hodges, 1993, p. 9).

(ese $\mathbf{x}$ es i). Esto significa, naturalmente, que i es la solución de la ecuación $x^2 + 1 = 0$. Si tomamos la ecuación $x^2 + 1 = 0$ como una fórmula donde la x está libre, es sencillo ver que x^2 es un término construido a partir de una expresión más simple, x, que resulta de aplicar a la x un *functor* que denotará una función. Luego, para que $x^2 + 1 = 0$ sea verdadera, es evidente que $\mathcal{J}'(x^2) = \mathbf{f}'(h(x)) = -1$, lo cual implica que $h(x) = i$ ($\mathbf{f}'$ es una función $\mathbf{f}' : \mathbb{C}^1 \longrightarrow \mathbb{C}$ que toma un $\mathbf{x} \in \mathbb{C}$ y devuelve su cuadrado). En cambio, $\mathcal{J}(x^2)$ nunca podrá ser -1, porque $\mathbf{f}(g(x))$ es siempre un número positivo ($\mathbf{f}$ es una función $\mathbf{f} : \mathbb{Z}^1 \longrightarrow \mathbb{Z}$ que toma un $\mathbf{x} \in \mathbb{Z}$ y devuelve su cuadrado).

Por tanto, $\models_{\mathbb{Z}} \forall x(x^2 + 1 \neq 0)$, porque el $\mathbf{x}$ tal que $\mathbf{f}(\mathbf{x}) = -1$ está *fuera* de $\mathbb{Z}$; $\not\models_{\mathbb{C}} \forall x(x^2 + 1 \neq 0)$, ya que existe un $\mathbf{x} \in \mathbb{C}$ tal que $\mathbf{f}'(\mathbf{x}) = -1$. Sean Γ y Γ^* las teorías de los enteros y los complejos, respectivamente. Es obvio, entonces, que $\forall x(x^2 + 1 \neq 0) \in \Gamma$ y que $\exists x(x^2 + 1 = 0) \in \Gamma^*$. De este modo, la extensión desde $\mathbb{Z}$ hasta $\mathbb{C}$ —y desde el dominio de $\mathbf{f}$ hasta el de $\mathbf{f}'$- hará *falsas* fórmulas que son verdaderas en $Mod(\Gamma)$. ¿Cómo podemos conciliar esto con el hecho de que, según Husserl, la extensión Γ^* de Γ (es decir, "the transition through the Imaginary") no debe entrar en contradicción con Γ?

Da Silva (2000) matiza la tesis de la *Doppelvortrag* y afirma que no todos los axiomas verdaderos en $Mod(\Gamma)$ lo son también en $Mod(\Gamma^*)$, sino que solo se preservan las sentencias del lenguaje de Γ que no hacen referencia a ningún $\mathbf{x}$ fuera del universo de su modelo[3].

---

[3] "His answer can be interpreted in the following way: assertions of $\mathcal{L}(\mathfrak{A})$ preserve their meaning in systems that extend $\mathfrak{A}$ provided that these assertions refer exclusively to the elements of the domain of $\mathfrak{A}$, that is provided that they refers exclusively to the objects $\mathfrak{A}$ 'has in mind'; or, as I prefer to put it, provided that their variables are restricted to the formal domain determined by $\mathfrak{A}$" (Da Silva, 2000, p. 422).

O, en otras palabras, solo aquellas cuyas variables *se restringen* a dicho universo. Así, $\forall x(x^2 + 1 \neq 0)$ será una fórmula distinta según se interprete en $\mathbb{Z}$ o en $\mathbb{C}$, por lo que no hay contradicción entre Γ y Γ^*. La expresión formal de esta intuición requiere, naturalmente, lógica multivariada.

Sin embargo, la lógica multivariada[4] es uno de los múltiples enfoques que permiten explicar el funcionamiento de los términos *no denotativos*. Sea $\mathbf{f}^{-1}$ la inversa de $\mathbf{f}$ (o sea, la raíz cuadrada), de tal manera que $\mathcal{J}(\sqrt{x}) = \mathbf{f}^{-1}(g(x))$. En lógica clásica, no podemos decir que la expresión $\sqrt{x}$ no tendrá denotación cuando el functor $\sqrt{}$ que representa a la función $\mathbf{f}^{-1}$ se aplique a un x tal que $g(x) < 0$, puesto que en esta semántica los términos siempre denotan[5]. Ahora bien, intuitivamente "the transition through the Imaginary" está relacionada con el hecho de que los nuevos números son los *referentes* de términos que no se correponden con ninguno de los números "antiguos". Pues, en efecto, que $\mathcal{J}'(\sqrt{x})$ tenga denotación si $h(x) = -1$ significa que i pertenece al universo del modelo, lo cual implica que la ecuación $x^2 + 1 \neq 0$ tiene solución. Farmer (1990) introduce, además del enfoque "multivariado", otras formas de tratar dichos términos.

En este capítulo, discutiré la interpretación de Da Silva (2000) y Da Silva (2016) de la solución de Husserl al problema de los números ideales, a partir del texto de Farmer (1990). De este modo, compararé el enfoque multivariado que Da Silva parece estar atribuyendo al Husserl de la *Doppelvortrag*, que está basado en lo que Farmer

---

[4]"In many branches of mathematics and computer science we formalize statements concerning several types of objects. Thus the logical languages and the structures used to interpret them are conceived as *many-sorted*; that is, the set of variables of the language will range over more than one universe or domain of objects" (Manzano, 1996, p. 220).

[5]"The semantics of classical logic employs the following assumption: *Existence assumption. Terms always have a denotation*" (Farmer, 1990, p. 1270).

llama "valores no existentes". Después de mostrar los puntos fuertes y débiles de ambas posturas, examinaré el enfoque *parcial* de los términos no denotativos, que considero más natural. Por último, argumentaré, basándome en Hodges (2006), que las sentencias de la forma

$$\exists x_1, ..., x_n \phi(x_1, ..., x_n),$$

donde $\phi(x_1, ..., x_n)$ está libre de cuantificación, se preservan bajo extensión y expansión. Es decir, si una sentencia *existencial* es verdadera en $\mathbb{Q}$, entonces será verdadera en $\mathbb{R}$ y en $\mathbb{C}$, pero no necesariamente en $\mathbb{N}$ y en $\mathbb{Z}$. Mostraré, además, que los *axiomas existenciales* de Husserl pueden interpretarse como sentencias de este tipo y que, debido a ello, todo axioma existencial verdadero en $\mathbb{N}$ lo será en los sistemas numéricos más amplios.

5.2. El enfoque multivariado

5.2.1. La interpretación de Da Silva

Da Silva (2000, p. 417) argumenta que una teoría "relativamente definida" es un caso particular de teoría completa[6]. Según él, las teorías relativamente definidas son completas *con respecto a* cierto subconjunto de las expresiones de su lenguaje. Así, sea Δ un conjunto de sentencias tal que $\Delta \subseteq \mathrm{SENT}(\mathcal{L})$ y Γ una teoría. Γ está relativamente definida syss, para toda sentencia $\varphi \in \Delta$, $\Gamma \vdash \varphi$ o bien $\Gamma \vdash \neg\varphi$. Por tanto, es posible que existan sentencias ψ tales que $\psi \in \mathrm{SENT}(\mathcal{L})$ y que $\Gamma \nvdash \psi$ y $\Gamma \nvdash \neg\psi$, o sea, que haya sentencias

---

[6] "The notion of absolute definiteness is identical with Hilbert's notion of deductive or syntactic completeness, whereas the notion of relative definiteness is a particular case of it, being nothing more than completeness relative to a particular set of expressions" (Da Silva, 2000, p. 417).

del lenguaje de la teoría que Γ no puede *ni* probar *ni* refutar. Este concepto de completud sintáctica-relativa sirvió a Da Silva (2000) para explicar la solución de Husserl al problema de los números ideales:

> Husserl's solution for the problem of imaginary elements has, I believe, the following form: given systems Γ and Γ^* such that Γ and Γ^* are consistent and Γ^* extends Γ, let $\mathfrak{A}$ be the formal manifold determined by Γ [...] and suppose that Γ is complete *relative* to the assertions of $\mathcal{L}_{\mathfrak{A}}(\Gamma)$, i.e., the assertions of $\mathcal{L}(\Gamma)$ with all variables restricted to $\mathfrak{A}$. Now, if any of these assertions (i.e., assertions of $\mathcal{L}_{\mathfrak{A}}(\Gamma)$ is proved by Γ^*, it can also be accepted from the perspective of Γ (Da Silva, 2000, p. 423).

Así pues, según Da Silva (2000) la solución de Husserl a este problema es que $\Gamma^* \vdash \varphi \Rightarrow \Gamma \vdash \varphi$, donde φ es una fórmula cuyas variables se restringen a $Mod(\Gamma) = \mathfrak{A}$. Es decir, que si de Γ^* se deduce una proposición sobre $Mod(\Gamma)$, entonces también debe deducirse de Γ, lo cual nos garantiza que los números ideales no prueban nada nuevo sobre $Mod(\Gamma)$. O, dicho de otro modo:

(DV*$_S$)   Si Γ es una teoría consistente y completa *con respecto a* un subconjunto de las sentencias de su lenguaje, entonces Γ^* de Γ es consistente.

En mi opinión, DV*$_S$ es coherente con la evidencia textual que uno puede encontrar en la *Doppelvortrag*. En el fondo, una teoría que sea completa solo con respecto a un subconjunto de SENT($\mathcal{L}$) es una teoría incompleta (y, como vimos, las teorías bifurcables son incompletas). Pues, naturalmente, si $\Gamma \not\vdash \psi$ y $\Gamma \not\vdash \neg\psi$, entonces ψ es independiente de Γ. Los párrafos de la *Doppelvortrag* que más fortalecen a DV*$_S$ son aquellos donde Husserl afirma que una teoría relativamente definida solo determina la verdad o falsedad de las expresiones que "caen" bajo su dominio. Por ejemplo: "An axiom system is relatively definite if every proposition meaningful according to it is decided under restriction to its domain" (Husserl, 2003, p. 427).

Da Silva (2000) llama "dominio apofántico" al conjunto de sentencias que *sí decide* una teoría relativamente definida. Es decir, "given a system Γ, by the apophantic domain of Γ, I mean the collection of all statements that Γ can either prove or disprove" (Da Silva, 2000, p. 427). Si cierta sentencia φ pertenece al dominio apofántico de Γ, razona Da Silva, entonces es verdadera en base a los axiomas de la teoría; si pertenece $\neg\varphi$, entonces contradice a los mismos. Esto quiere decir que $\Gamma \vdash \varphi \Rightarrow \models_{Mod(\Gamma)} \varphi$, esto es, que el cálculo no probará nada que no sea verdadero en el modelo (o clase de modelos[7]) de la teoría y que $\Gamma \vdash \neg\varphi \Rightarrow \not\models_{Mod(\Gamma)} \varphi$ (o sea, que Γ solo "refuta" las proposiciones que son falsas en su dominio).

No obstante, ¿cuáles son las sentencias del lenguaje de Γ que pertenecen al dominio apofántico de Γ? Sean Γ y Γ^* las teorías de los racionales y de los reales, respectivamente. Piénsese en la sentencia $\exists_{=1}x(x = \sqrt{2})$ (es un ejemplo basado en Da Silva[8]). Sea $\mathcal{J}$ una interpretación tal que $\mathcal{J} = \langle \mathfrak{A}, g \rangle$, donde $\mathfrak{A}$ es el cuerpo de los racionales y g una asignación (g_x^{x} es la asignación variante).

---

[7]Si el cálculo no prueba nada que no sea verdadero en *toda* clase de modelos, entonces es correcto. Si el cálculo prueba todas las que lo son, entonces es débilmente completo. La completud de Γ con respecto a $Mod(\Gamma)$ es, para Manzano y Alonso (2014), el *puente* entre la completud de una teoría y la de un cálculo. *Cf.*, además, Henkin (1967a, p. 26).

[8]"The formal object denoted by the term t is thought of as constructed from the formal objects denoted by the constants occurring in it by means of the operations involved in the term t (it is in this sense an object that is 'constructed' from previously given objects). Objects denoted by terms are all in the domain of Γ, for Γ proves $\exists_{=1}x(x = t)$, for any term t" (Da Silva, 2000, p. 424).

Es evidente que el único $\mathbf{x}$ tal que $\mathcal{J}_x^{\mathbf{x}}$ satisface a $x = \sqrt{2}$ está fuera de $\mathfrak{A}$, es decir, fuera de los racionales, de $Mod(\Gamma)$, pues es un número irracional. Por esta razón, $\exists_{=1}x(x = \sqrt{2})$ no está en el dominio apofántico de Γ. Y, en tanto que $\exists_{=1}x(x = \sqrt{2})$ no está en el dominio apofántico de Γ, de Γ no se siguen ni ella ni su negación (de este modo, Da Silva evita que haya una contradicción entre $\Gamma \vdash \forall x(x \neq \sqrt{2})$ y $\Gamma^* \vdash \exists_{=1}x(x = \sqrt{2})$). Es fácil ver, por otro lado, que $\exists_{=1}x(x = \sqrt{2})$ sí pertenece al dominio apofántico de Γ^*.

El concepto de "dominio apofántico" es sin embargo problemático, dado que hay sentencias del lenguaje de, por ejemplo, $\mathbf{PA}^2$, que no deberían estar en el dominio apofántico de $\mathbf{PA}^2$, pero cuya verdad o falsedad *sí* es decidida en base a sus axiomas. Considérese, por ejemplo, la sentencia $\exists x(x+1 = 0)$, y sea $\mathcal{J}$ una interpretación tal que $\mathcal{J} = \langle \mathfrak{A}, g \rangle$ ($\mathfrak{A}$ es una estructura de Peano, g una asignación y $g_x^{\mathbf{x}}$ la asignación variante). Naturalmente, el $\mathbf{x}$ tal que $\mathcal{J}_x^{\mathbf{x}}$ satisface a $x + 1 = 0$ no existe en $\mathbb{N}$, así que $\exists x(x + 1 = 0)$ no debe estar en el dominio apofántico de $\mathbf{PA}^2$. Por definición, esto implica que ni $\exists x(x + 1 = 0)$ ni $\forall x(x + 1 \neq 0)$ son deducibles de $\mathbf{PA}^2$. Pero, a partir del primer axioma de Peano y de la definición de la suma mediante la función sucesor, se concluye que $\neg \exists x(x + 1 = 0)$ es un teorema de $\mathbf{PA}^2$. Esto es, que $\mathbf{PA}^2 \vdash \forall x(x + 1 \neq 0)$, por lo que $\exists x(x + 1 = 0)$ sí debe estar en el dominio apofántico de $\mathbf{PA}^2$ (pues $\mathbf{PA}^2$ la "refuta").

Otra dificultad de la lectura de Da Silva (2000), puesta de manifiesto por Centrone (2010, pp. 176-77), es cómo se determina ese conjunto de sentencias del lenguaje de Γ que constituye el dominio apofántico de la teoría y que Da Silva abrevia como $\mathcal{L}_{\mathfrak{A}}(\Gamma)$. En su opinión, uno podría pensar en un predicado monario R^1 que permitiera restringir la cuantificación al universo de $\mathfrak{A}$. Luego las fórmulas del dominio apofántico de Γ serían aquellas donde el alcance del cuantificador universal y el existencial está restringido al universo de $\mathfrak{A}$, esto es, las ocurrencias de $\forall$ y $\exists$ serán de la forma $\forall x(R(x) \rightarrow ...)$ y $\exists x(R(x) \wedge ...)$ (*Cf.* Centrone (2010, pp. 176-77)). El problema con esta propuesta es, según Centrone, que este predicado no es parte del lenguaje de la aritmética (o sea, de la signatura de $\mathbf{PA}^2$), por lo que se hace raro pensar que las teorías de los sistemas numéricos que Husserl tenía en mente lo incluyan.

Curiosamente, Da Silva (2016) matizará su propuesta añadiendo este predicado monario R^1 a $\mathcal{L}$. Así, para toda sentencia (universal o existencial) φ de $\mathcal{L}$, φ_R será el resultado de sustituir φ por $\forall x(R(x) \rightarrow ...)$ o $\exists x(R(x) \wedge ...)$. Según Da Silva (2016, p. 1931), φ_R *refiere* a un subconjunto del universo de una estructura $\mathfrak{A}$, sea este $\mathbf{A}'$. Obviamente, añade Da Silva, si φ es verdadero para $\mathbf{A}'$, también lo será φ_R (φ y φ_R son lógicamente equivalentes para $\mathbf{A}'$). Para garantizar que la cuantificación en las sentencias que son verdaderas en $\mathbf{A}'$ *está restringida* a $\mathbf{A}'$, Da Silva argumenta que la teoría Γ "relativamente definida" deberá incorporar un conjunto de axiomas R. Por tanto:

> I claim that according to Husserl a theory Γ is definite *relative to its domain* $\mathfrak{A}$ (the intended interpretation, its universe or, still, its existential domain, that is, the collection of objects the theory *requires* to exist) if Γ, R is d-R-complete; i.e. given any sentence φ in the language of Γ, either $\Gamma, R \vdash \varphi_R$ or $\Gamma, R \vdash \neg\varphi_R$ (Da Silva, 2016, p. 1939).

De este modo, si de Γ^*, R (la teoría del dominio ampliado) se deduce una fórmula φ_R, entonces también se deducirá de Γ, R, puesto que Γ "can be the undisputed 'master' of its domain" (Da Silva, 2016, p. 1937). De nuevo, ese paso de Γ a Γ^* no prueba nada nuevo sobre $Mod(\Gamma)$. En el siguiente apartado, evaluaré la propuesta de Da Silva (2016) desde el punto de vista de la *lógica multivariada*, con el objetivo de distinguir su enfoque acerca de los términos no denotativos de otros enfoques que describe Farmer (1990).

5.2.2.   Lógica multivariada y números ideales

Para entender por qué es útil introducir el marco de la lógica multivariada en el problema de los números ideales, piénsese en la función $\mathbf{f}^{-1}$ como la raíz cuadrada, definida sobre $\mathbb{R}$. Es evidente que $\mathbf{f}^{-1}$ es una función parcial, pues está indefinida para todo $\mathbf{x} < 0$. De forma análoga, el término $\sqrt{x}$ no denota cuando $g(x) < 0$. Desde un enfoque multivariado[9], uno puede pensar que $\mathbf{f}^{-1}$ solo es una función parcial porque la variedad (*"sort"*) apropiada no está aún disponible. Esto es, si tuviéramos una variedad nueva, $\mathbb{C}$, entonces $\mathbf{f}^{-1}$ sería una función total y, en consecuencia, $\sqrt{x}$ sí denotaría cuando $g(x) < 0$. Por tanto, $\sqrt{-1}$ es un término no denotativo cuando es interpretado en el cuerpo de los números reales (en el *sort* "antiguo"), y es denotativo interpretado en el de los complejos (su referente es i).

Del mismo modo, la fórmula $x^2 + 1 = 0$ es falsa para cualquier asignación de valores a la x si el universo de la interpretación es $\mathbb{R}$ y es verdadera, para $g(x) = -1$, si lo es $\mathbb{C}$. Expresado formalmente, se tiene que $\forall x_\sigma (x_\sigma^2 + 1 \neq 0)$ y $\exists x_\rho (x_\rho^2 + 1 = 0)$, donde σ es el signo de la variedad $\mathbb{R}$ y ρ lo es de $\mathbb{C}$. Si en el lenguaje de Γ^* – la teoría del dominio ampliado- pudiéramos distinguir entre más de un universo sobre el que cuantificar, no habría contradicción en el hecho de que $\mathbf{PA}^2$ pruebe que $\forall x (x + 1 \neq 0)$ y la teoría de los enteros que $\exists x (x + 1 = 0)$. Pues, en efecto, de Γ^* se seguirían tanto $\forall x_\sigma (x_\sigma + 1 \neq 0)$ como $\exists x_\rho (x_\rho + 1 = 0)$, donde σ representa a $\mathbb{N}$ y ρ a $\mathbb{Z}$. Así pues, las sentencias *universales* son de la forma

---

[9] *Cf.* Farmer (1990, pp. 1272-73).

$\forall x_{\sigma 1}, ..., x_{in}\phi(x_{\sigma 1}, ..., x_{\sigma n})$ (σ denotará el *sort*) y las *existenciales* del tipo $\exists x_{\sigma 1}, ..., x_{\sigma n}\phi(x_{\sigma 1}, ..., x_{\sigma n})$.

La relativización de los cuantificadores que plantea Da Silva (2016), y que ya señaló Centrone (2010), resulta de *traducir* las expresiones de un lenguaje cuyas variables toman valores en más de una variedad (esto es, de un lenguaje multivariado) a un lenguaje univariado ("one-sorted"). Es, de hecho, el modo en que, a nivel *sintáctico*, se realiza la reducción[10] de una lógica multivariada a una univariada. Para traducir estas fórmulas, considérese un lenguaje formal $\mathcal{L}$ cuyas variables tomen valores en un único universo y que incluya, además, un predicado monario por cada una de las variedades sobre las que cuantifica el lenguaje original. En nuestro caso, como teníamos la σ y la ρ, $\mathcal{L}$ contendrá los predicados R_σ y R_ρ. Las sentencias *universales* serán, entonces, de la forma $\forall x_1, ..., x_n(R_\sigma(x_1, ..., x_n) \rightarrow \phi(x_1, ..., x_n)')$ (naturalmente, σ denota el *sort* del lenguaje multivariado) y las *existenciales* del tipo $\exists x_1, ..., x_n(R_\sigma(x_1, ..., x_n) \wedge \phi(x_1, ..., x_n)')$. De este modo, la sentencia $\forall x_\sigma(x_\sigma^2 + 1 \neq 0)$ es, traducida a un lenguaje univariado, $\forall x(R_\sigma(x) \rightarrow x^2 + 1 \neq 0)$, mientras que $\exists x_\rho(x_\rho^2 + 1 = 0)$ se traduce como $\exists x(R_\rho(x) \wedge x^2 + 1 = 0)$.

A nivel *semántico*, partiremos de una unificación de los universos de σ y ρ, o sea, de la unión de $\mathbb{N}$ y $\mathbb{Z}$ (que es, naturalmente, $\mathbb{Z}$). Adviértase que los universos de cada *sort* no tienen por qué ser disjuntos[11]. A continuación, se extenderán los dominios de las operaciones y relaciones –definidas sobre los universos de σ y ρ- al

---

[10] "It is well known that many-sorted logic reduces to one-sorted logic [...] The reduction is performed on two levels: a syntactical translation of many-sorted formulas into one-sorted formulas (known as *relativization of quantifiers*) and a semantic conversion of many-sorted structures into one-sorted structures (called *unification of domains*)" (Manzano, 1996, pp. 221-22).

[11] *Cf.* Manzano (1996, p. 229).

nuevo universo unificado (*Cf.* Manzano (1996, p. 222)). Obviamente, las operaciones definidas sobre $\mathbb{Z}$ se quedarán *tal cual*, mientras
que las que lo estaban sobre $\mathbb{N}$ pasarán a estarlo sobre $\mathbb{Z}$. El hecho de que la sentencia $\forall x (R_\sigma(x) \rightarrow x^2 + 1 \neq 0)$ sea verdadera en
ese "universo unificado" recoge la intuición de Husserl de que las
proposiciones que se deducen de Γ^*, pero que hablan del dominio
antiguo, no son verdaderas en virtud de ningún axioma de Γ^*:

> The situation now is that we derive from Γ^* an assertion
> which refers purely to the objects of Γ. That presuppo-
> ses: We see on the face of an assertion, or can prove
> at any time, that it has a "sense" purely for the ob-
> jects of the narrower domain, i.e., that it, if it is true,
> presupposes the validity of no concept (the being of no
> object) which owes its validity only to the supplemen-
> tary axioms (Husserl, 2003, p. 433).

No obstante, el enfoque multivariado presenta algunas dificultades a tener en cuenta. De todas ellas, la más inmediata es, para
mí, la proliferación[12] de los símbolos de variedad ("sort symbols").
Si la objeción de Centrone (2010) era que el predicado monario R
no es parte del lenguaje de la aritmética (de hecho, R no está en
ninguna axiomatización de nuestros sistemas numéricos), entonces
tampoco serán parte, *a fortiori*, R_σ y R_ρ. Y esto solo si quisiéra-
mos relativizar la cuantificación a dos nieveles de la "jerarquía de
Peacock". Pues, si Γ^* fuera la teoría de los complejos y la cuantificación fuera relativa a cada nivel, el lenguaje de Γ^* incluiría tantos
predicados monarios como niveles hay (estos "niveles" son los *sorts*
de un lenguaje multivariado).

Por otro lado, que el lenguaje (univariado) de Γ^* incluya a los
predicados R_σ y R_ρ y que el universo de $Mod(\Gamma^*)$ sea la unión de los

---

[12]"A less serious defect of the approach is that, unless there is a way of
forming 'sort terms', the approach can lead to a proliferation of sorts symbols"
(Farmer, 1990, p. 1274).

universos de σ y de ρ implica que el lenguaje de Γ es *multivariado* y que $Mod(\Gamma)$ contiene dos universos. Ahora bien, nadie sostendría que el paso de $\mathbf{PA}^2$ a la teoría de los enteros (o de la teoría del cuerpo de los números reales al de los complejos) consiste en pasar de un lenguaje multivariado a un lenguaje univariado, y de una estructura con más de un universo a otra con solo uno. Es más, si fuera cierto que "the transition through the Imaginary" se parece a esa traducción de lenguajes y estructuras multivariadas, entonces $Mod(\Gamma)$ debería incluir a naturales y enteros, reales y complejos, etc. (pues serían los diferentes *sorts*, σ y ρ, del lenguaje multivariado). ¿Afectarán estas objeciones al enfoque que Da Silva (2016) atribuye al Husserl de la *Doppelvortrag*?

5.2.3. Los números ideales considerados como valores no existentes

Es fácil ver que, si σ representa el cuerpo de los números reales y ρ el de los complejos, estas sentencias son equivalentes a $\forall x(x \in \mathbb{R} \rightarrow x^2 + 1 \neq 0)$ y $\exists x(x \in \mathbb{C} \wedge x^2 + 1 = 0)$, respectivamente. Por esa razón, resulta extraño que Da Silva (2016) introduzca un solo predicado monario en $\mathcal{L}$, porque ¿de qué manera puede expresar $\mathcal{L}$, en tal caso, sentencias sobre el dominio ampliado? Es decir, si $\forall x(R(x) \rightarrow x + 1 \neq 0)$ significa que ningún $\mathbf{x} \in \mathbb{N}$ sumado a 1 es igual a 0, ¿cómo diremos que ese $\mathbf{x}$ sí existe en $\mathbb{Z}$? De hecho, si el modelo de una teoría Γ es, por ejemplo, el cuerpo de los números reales y el lenguaje $\mathcal{L}$ de Γ solo tiene un predicado monario R, entonces solo podemos *restringir* la cuantificación a un subconjunto de $\mathbb{R}$ (o sea, a los números reales que están en la extensión de $R^{\mathfrak{A}}$). La fórmula $\forall x(R(x) \rightarrow x^2 + 1 \neq 0)$ es verdadera para todos los reales (y no solo para un subconjunto de ellos), así que, ¿qué hemos conseguido con la inclusión de R en $\mathcal{L}$?

Farmer (1990, p. 1271) defiende que la actitud de los informáticos frente a los términos no denotativos, diferente a la de filósofos y matemáticos[13], es la de pensar que sus referentes son "valores erróneos". Desde esta perspectiva, si la función $\mathbf{f}^{-1}$ –la raíz cuadrada- definida sobre $\mathbb{R}$ toma como argumento al -1, entonces $\mathbf{f}^{-1}(-1)$ es el valor erróneo. Eso significa que $\mathbf{f}^{-1}$ no está, en realidad, definida sobre $\mathbb{R}$, sino sobre $\mathbb{R} \cup \{*\}$ (donde $*$ es este valor erróneo), de tal manera que, para todo $\mathbf{x} < 0$, $\mathbf{f}^{-1}(\mathbf{x}) = *$. Por tanto, en lo que respecta al término $\sqrt{-1}$, si $\mathbb{R}^* = \mathbb{R} \cup \{*\}$, entonces resulta que $\mathcal{J}(\sqrt{-1}) \in \mathbb{R}^*$, porque $\mathcal{J}(\sqrt{-1}) = *$. El problema con este punto de vista es, como señala el propio Farmer (1990, p. 1273), que todas las funciones estén definidas sobre valores erróneos (a pesar de que estos valores no se comportan como números) y que la cuantificación recorra tanto el universo de los números propiamente dichos como esos valores erróneos.

La forma de resolver este problema es algo parecido a lo que hace Da Silva (2016). La idea es asignar a los términos no denotativos valores "especiales" que son tratados de manera diferente a los valores ordinarios. De este modo, el universo de la interpretación consiste ahora en la unión de dos universos: un universo interno de valores "existentes", y un universo externo de valores "no existentes[14]" (*Cf.* Farmer (1990, p. 1273)). Los términos tomarán valores de ambos universos ($\mathcal{J}(\sqrt{-1})$ es un objeto "no existente"), pero la cuantificación solo es posible sobre el primero de ellos. Así, si

---

[13] "The perspective of the (philosophical) logician who is interested in nondenoting definite descriptions is different from that of the mathematician who would like to reason about partial functions [...] In short, the mathematician does not worry about what nondenoting terms mean; the logician does" (Farmer, 1990, p. 1271).

[14] Para una lógica con valores "no existentes", *Cf.* Scott (1979).

el universo de una estructura $\mathfrak{A}$ es la unión de $\mathbb{R}$ y un conjunto de objetos "no existentes", la cuantificación puede restringirse al subconjunto $\mathbf{A'}$ de $\mathbf{A}$ que es $\mathbb{R}$ a través de un predicado monario R. La consecuencia de ello es que toda fórmula cuantificada (ya sea una sentencia *universal* o *existencial*) debe estar relativizada a $R(x_1, ..., x_n)$, ya que $\forall x_1, ..., x_n \phi(x_1, ..., x_n)$ y $\exists x_1, ..., x_n \phi(x_1, ..., x_n)$ no serían fórmulas bien formadas de $\mathcal{L}$.

Por tanto, este es el enfoque acerca de los términos no denotativos que, en mi opinión, Da Silva (2016) está atribuyendo al Husserl de la *Doppelvortrag*. Farmer (1990, p. 1274) sostiene que una desventaja de este enfoque es que haya objetos de "segunda clase" (los "no existentes") sobre los que de ningún modo se puede cuantificar, lo cual es poco intuitivo. Ahora bien, esta dificultad es, en el contexto de la *Doppelvortrag*, una ventaja, pues los objetos de "segunda clase" pueden ser justamente los objetos ideales:

> Object domain of Γ (defined by means of Γ). Object domain of Γ^* (defined by means of Γ^*).
>
> Imaginary objects = objects which do not occur in Γ, are not defined there, are not established by means of the axioms and existential definitions of Γ, so that, therefore, if we regard Γ as the axiom system of a domain which has no other axioms –and thus also no other objects- those objects are in fact "impossible" (Husserl, 2003, p. 433).

No obstante, filosóficamente hablando, asumir la existencia de objetos *no existentes* es un oxímoron. Si aceptamos la existencia de esos objetos (aunque sea una existencia de "segunda clase"), abriremos la puerta, además, a todo tipo de entidades. Pues, si existen los objetos no existentes, ¿por qué no iban a existir, en la misma medida, las propiedades, propiedades de propiedades, etc.? Esta posición está muy alejada del nominalismo[15], con el que simpatizo.

Suponer que el universo del modelo será la unión de un universo
"real" y un universo de valores no existentes es, además, una solución *ad hoc*. Esto se ve muy bien cuando nos preguntamos cuál es
la interpretación del predicado monario R en los sucesivos niveles
de la "jerarquía de Peacock". Es evidente que en la teoría de los
naturales, que son los números *genuinos* para Husserl[16], la extensión de R es $\mathbb{N}$ y todo lo demás son números ideales. Si pasáramos a
los enteros, entonces la extensión de R sería $\mathbb{Z}$, y así sucesivamente.
Es decir, necesitamos "fijar" la interpretación de R para que coin-
cida, en cada nivel, con el sistema numérico en cuestión, dejando
fuera al conjunto de los valores no existentes. De ahí que Da Silva
(2016, p. 1938) añada axiomas adicionales a una teoría "relativamente definida". En la construcción de los números, en cambio, no
nos preocupa la extensión de ningún predicado monario R y, por
eso mismo, no incluimos axiomas que fijen su interpretación.

Finalmente, Farmer (1990, p. 1274) defiende que pensar que los
términos no denotativos tienen como referencia objetos no existentes es contrario a la práctica matemática, porque implica que las
variables libres y ligadas denotan distintos tipos de valores. Piénse-
se, por ejemplo, en una interpretación $\mathcal{J}$ tal que $\mathcal{J} = \langle \mathfrak{A}, g \rangle$, donde

---

[15]Un ejemplo de postura *nominalista* en filosofía de la lógica es la mantenida
por Tarski en diálogo con Carnap y Quine, en unas reuniones que tuvieron
lugar en Harvard, en 1940. *Cf.* Frost-Arnold (2013). Por otro lado, la decisión
de adoptar una *semántica general* para la lógica de segundo orden también es
nominalista, ya que nuestras estructuras *no estándar* deben contener, al menos,
los conjuntos y relaciones que son definibles. *Cf.* Manzano (1996, p. 151).

[16]"According to our earlier investigations the numbers are to be understood
as the entirety of conceivable determinations of the indeterminate multiplicity
concept. Each possible way of determining this concept by delimiting it yields
a novel number concept. The definition, 'Number answers the question "How
many?"' appears thus to harmonize completely with the results of our investigations" (Husserl, 2003, pp. 137-38).

$\mathfrak{A}$ es una estructura cuyo universo será la unión de $\mathbb{R}$ y un conjunto de valores no existentes, g la asignación y $g_x^\mathbf{x}$ la asignación variante. La variable libre de la fórmula $x^2 + 1 = 0$ puede denotar valores reales o bien valores no existentes. Es decir, la asignación g recorre el universo al completo. Pero, para evaluar el valor de verdad de las sentencias $\forall x(R(x) \to x^2 + 1 \neq 0)$ y $\exists x(R(x) \wedge x^2 + 1 = 0)$ la función de interpretación $\mathcal{J}_x^\mathbf{x}$, solo recorrerá los $\mathbf{x}$ que son R. Por tanto, sí: las variables libres y ligadas denotan distintos tipos de valores.

5.3. El enfoque parcial

5.3.1. Lógica libre y números ideales

La lógica libre[17] rechaza el *presupuesto existencial* de la lógica clásica. Los términos de una lógica libre pueden no tener referencia en absoluto. Si tomamos el universo $\mathbf{A}$ de una estructura $\mathfrak{A}$ como la colección de objetos existentes, el referente de un término no denotativo t es, desde un punto de vista multivariado, un $\mathbf{x}$ perteneciente a otro *sort*; desde un punto de vista como el de Da Silva (2016), será un objeto no existente. Pues bien, si adoptamos un enfoque parcial, t sencillamente no tiene referencia. Creo que dicho enfoque es coherente con el principio nominalista de *no multiplicar los entes sin necesidad*, ya que no postula la existencia de nuevas variedades ni de objetos de "segunda clase".

Pensar en clave de funciones parciales es, además, coherente con la manera en que Husserl explicaba por qué la ecuación $x^2 = -a$ (o, equivalentemente, $x = \pm\sqrt{-a}$) "cannot hold at all" en el anillo de

---

[17]Para una buena introducción a la lógica libre, *Cf.* Nolt (2007). La lógica libre permite formalizar el enfoque parcial de los términos no denotativos.

los enteros, en $\mathbb{Z}$ (*Cf.* Husserl (2003, pp. 438-39)). El problema no es, razona Husserl, la función cuadrado $\mathbf{f}$, pues esta, al igual que la función raíz cuadrada $\mathbf{f}^{-1}$, puede definirse sobre $\mathbb{Z}$. Naturalmente, tampoco es $-a$, porque es obvio que todo número negativo está en $\mathbb{Z}$. El motivo de que $x^2 = -a$ "cannot hold at all" es que $\mathbf{f}^{-1}(-a)$ no existe en $\mathbb{Z}$. "But 'in the field' there exists no $\sqrt{-a}$" (Husserl, 2003, p. 438). Es decir, $\mathbf{f}^{-1}$ es, cuando está definida sobre $\mathbb{Z}$, una función parcial.

Para Husserl, una estructura sobre cuyo universo estén definidas funciones parciales que puedan ser expandidas sin contradicción no está *absolutamente definida*, porque esta posibilidad "leaves many things open". Por el contrario:

> A "definite" axiom system leaves for its operational substrate absolutely nothing open with respect to the operations defined (Husserl, 2003, p. 436).

> The peculiar character of the Hilbertian closed axiom system is this [...] that it leaves no operational formations undefined and unregulated, and consequently admits of no expansion of the operational domain by new objects brought under the same prevailing operations (Husserl, 2003, p. 451).

Así, el cuerpo ordenado, arquimediano y completo $\mathbb{R}$ (o sea, el modelo de "the Hilbertian closed axiom system") está absolutamente definido[18], porque la expansión $\mathbf{f'}^{-1}$ de $\mathbf{f}^{-1}$ tal que $\mathbf{f'}^{-1}(-a) \in \mathbb{C}$ implica una contradicción con los axiomas del orden total. Sin embargo, el cuerpo ordenado y arquimediano $\mathbb{Q}$ no lo está (de hecho, está relativamente definido[19]), ya que el hecho de que $\sqrt{2}$ esté en

---

[18] "I call a manifold absolutely definite if there is no other manifold which has the same axioms (all together) as it has. Continuous number sequence, continuous sequence of ordered pairs of numbers" (Husserl, 2003, p. 426).

[19] "Relatively definite is the sphere of the whole and the fractional numbers, of the rational numbers" (Husserl, 2003, p. 426).

el dominio extendido no contradice ninguna de las sentencias que axiomatizan $\mathbb{Q}$. En consecuencia, "the transition through the Imaginary" se lleva a cabo mediante la extensión del universo del modelo (añadiendo objetos ideales), pero también mediante la expansión de las operaciones ya definidas sobre el mismo (que, en ciertos casos, son funciones parciales).

Análogamente, uno puede pensar que la función $\mathcal{J}'$ de interpretación, que irá desde $\text{TERM}(\mathcal{L}')$ hacia $\mathbb{C}$, es una expansión de $\mathcal{J}$, que va desde $\text{TERM}(\mathcal{L})$ hacia $\mathbb{R}$. Ahora, si a es una constante individual para el -1, y f es un functor monario para $\mathbf{f}^{-1}$, entonces $f(a)$ es un término tanto de $\mathcal{L}$ como de $\mathcal{L}'$. Pero, y puesto que $\mathbf{f}^{-1}(-1)$ está indefinida en los reales, $\mathcal{J}(f(a))$ estará igualmente indefinida en un modelo cuyo universo sea $\mathbb{R}$. Si aceptamos que $\mathcal{J}(f(a))$ está indefinida y reparamos en que $f(a) \in \text{TERM}(\mathcal{L})$, la conclusión resulta obvia: $\mathcal{J}$ es una función parcial. Esta función parcial podría ser total si el universo del modelo fuera $\mathbb{C}$.

Farmer (1990, pp. 1274-75) defiende que la mejor forma de tratar con los términos no denotativos es, precisamente, la evaluación parcial de $\text{TERM}(\mathcal{L})$. Además de la idea de que hay términos para los cuales $\mathcal{J}$ está indefinida, se añade la *cláusula semántica* de que un término τ denota si y solo si todos los subtérminos de τ denotan. De este modo, el término $\sigma(\sqrt{-1})$ ("el sucesor de $\sqrt{-1}$") no denota si el universo del modelo es $\mathbb{R}$, porque el subtérmino $\sqrt{-1}$ no tiene referencia en $\mathbb{R}$. Ahora bien, ¿cómo debemos extender la función $\mathcal{J}$ de interpretación para que asigne valores de verdad a las fórmulas que tienen términos no denotativos? ¿Cuál será su valor de verdad?

En la lógica libre, hay tres tipos diferentes de semántica (*Cf.* Nolt (2007, p. 1029)). Las fórmulas que son "referencialmente deficientes" (o sea, que tienen uno o más términos no denotativos) pueden ser verdaderas, y en este caso la semántica será *positiva*, falsas, y la semántica es *negativa,* o carentes de valor de verdad (la semántica será *neutral*). Nolt (2007) sostiene, no obstante, que las sentencias del tipo $\exists x(x = \tau)$, donde τ es un término no denotativo, son falsas en cualquier semántica de la lógica libre. Desde mi punto de vista, para Husserl la "semántica" sería más bien negativa, pues afirma que la ecuación $x^2 = -a$ es falsa en el anillo de los enteros y que, en una estructura que esté absolutamente definida, ninguna proposición es falsa por el hecho de referirse a operaciones que no están definidas:

> Let us consider, for example, the axiom-system of the whole numbers, positive and negative. Then, $x^2 = -a$, $x = \pm\sqrt{-a}$ certainly has a sense. For square is defined, and $-a$, and $=$ also. But "in the field" there exists no $\sqrt{-a}$. The equation is false in the field, since such an equation cannot hold at all in the field (Husserl, 2003, pp. 438-39).

> The peculiar character of the Hilbertian closed axiom system is this [...] that no proposition meaningful in virtue of the axioms becomes false because of the fact that it has recourse to operational formations which are not defined (Husserl, 2003, p. 451).

Farmer (1990, pp. 1274-75) también optaba por una interpretación $\mathcal{J}$ que haga falsa toda fórmula que contenga términos no denotativos. De hecho, añade una segunda *cláusula semántica* según la cual una fórmula atómica de la forma $R^n(\tau_1, ..., \tau_n)$ será falsa cuando uno de los términos $\tau_1, ..., \tau_n$ no tenga referencia. En definitiva, el enfoque de Farmer (1990) se basa en la evaluación *parcial* de TERM($\mathcal{L}$) y *total* de FORM($\mathcal{L}$). En su opinión, este enfoque, que yo también suscribo, se correspondería con la manera en que los matemáticos suelen razonar con los términos no denotativos. Uno de los ejemplos que pone es la fórmula $\sqrt{x} = 2$ que es, obviamente, verdadera para $x = 4$. De acuerdo con Farmer (1990, p. 1275), un matemático diría que la fórmula es falsa para todo $x \neq 4$, incluidos todos los x tales que $x < 0$ (o sea, que $\sqrt{-1} = 4$ tiene un término no denotativo y que es, en consecuencia, una fórmula falsa). Por lo dicho más arriba, es obvio que esto mismo es lo que diría Husserl.

La pregunta ahora es, pues, en qué medida este enfoque sobre los términos no denotativos puede ayudarnos a interpretar al Husserl de la *Doppelvortrag*. En este sentido, creo que el predicado monario de existencia de la lógica libre es especialmente útil para analizar los "axiomas existenciales" que plantea el propio Husserl, cuyo papel ha sido, además, poco destacado en la literatura[20] especializada.

5.3.2. Los axiomas existenciales en la filosofía de la aritmética de Husserl

Sobre la extensión del concepto de número (es decir, sobre lo que Husserl llama "the transition through the Imaginary"), Peano[21] hace una interesante reflexión, tomando los números naturales como punto de partida:

> There does not exist a number (from the sequence 0, 1, ...), which when added to 1 gives 0.

> There does not exist a number (integral), which multiplied by 2 gives 1.

---

[20]Da Silva (2000) no los menciona, y Centrone (2010) y Hartimo (2018) lo hacen una sola vez.

[21]Como señala Detlefsen (2005, p. 279), el orden que presenta Peano no es el histórico. La siguiente descripción de Gauss es históricamente más precisa:
"Starting originally from the notion of absolute integers, it has gradually enlarged its domain. To integers have been added fractions, to rational quantities the irrational, to positive the negative, and to the real the imaginary" (*Cf.* Detlefsen (2005, p. 279)).

> There does not exist a number (rational), whose square is 2.
>
> There does not exist a number (real), whose square is -1.
>
> Then one says: in order to overcome such an inconvenience, we extend the concept of number, that is, we introduce, manufacture, create (as Dedekind says) a new entity, a new number, a sign, a sign-complex, etc., which we denote by -1, or $\frac{1}{2}$, or $\sqrt{2}$, or $\sqrt{-1}$, which satisfies the condition imposed (Peano, 1910, p. 224).

Las condiciones que imponemos a los sucesivos niveles de la "jerarquía de Peacock" pueden formalizarse como $\exists x(x + 1 = 0)$, $\exists x(x \cdot 2 = 1)$, $\exists x(x^2 = 2)$ y $\exists x(x^2 = -1)$. Todas estas sentencias son falsas en $\mathbb{N}$ o, lo que es lo mismo, las ecuaciones $x + 1 = 0$, $x \cdot 2 = 1$, $x^2 = 2$ y $x^2 = -1$ no tienen solución para todo **x** en $\mathbb{N}$. Para solventar este problema, explica Peano, hay que introducir, "crear", nuevas entidades que sean la solución de esas ecuaciones y que vamos a denotar con los signos -1, $\frac{1}{2}$, $\sqrt{2}$, o $\sqrt{-1}$. Así, resulta que $\models_{\mathbb{Z}} \exists x(x = -1)$, $\models_{\mathbb{Q}} \exists x(x = \frac{1}{2})$, $\models_{\mathbb{R}} \exists x(x = \sqrt{2})$ y $\models_{\mathbb{C}} \exists x(x = \sqrt{-1})$, por lo que, desde cierto punto de vista, la diferencia entre "niveles" está precisamente en cuáles son los números a los que podemos referirnos como *existentes*. Según Husserl, la forma de probar que un objeto existe en el dominio de una teoría es mediante los axiomas que él denomina "existenciales". "Object of the domain = Object which is provable as existing by means of the existence axioms" (*Cf.* Husserl (2003, p. 441)).

Aunque, como vimos más arriba, estos axiomas existenciales no han sido especialmente destacados por los comentaristas de la *Doppelvortrag*, lo cierto es que juegan un papel fundamental en la extensión de los naturales al resto de sistemas numéricos. De hecho, Husserl sostiene que lo que distingue a cada nivel de la jerarquía es, precisamente, los axiomas existenciales de uno y otro:

> The distinction between the levels resides in the existence axioms; the existence of particular forms of operation is stipulated under narrower or broader conditions" (Husserl, 2003, p. 448).
>
> The distinction between axiom systems lies in the existence axioms which are either broader or narrower (Husserl, 2003, p. 449).

Naturalmente, el conjunto de axiomas existenciales "más amplio" es el de los números complejos, ya que en el cuerpo algebraicamente cerrado[22] $\mathbb{C}$, las ecuaciones $x + 1 = 0$, $x \cdot 2 = 1$, $x^2 = 2$ y $x^2 = -1$ tienen solución. O, dicho de otra manera, se tiene que $\models_{\mathbb{C}} \exists x(x = -1)$, $\models_{\mathbb{C}} \exists x(x = \frac{1}{2})$, $\models_{\mathbb{C}} \exists x(x = \sqrt{2})$ y $\models_{\mathbb{C}} \exists x(x = \sqrt{-1})$. En lógica libre, es posible hacer referencia a las sentencias de la forma $\exists x(x = \tau)$ por medio de un predicado monario de existencia, $E!$, que permite expresar que t tiene denotación en el dominio de cuantificación del particularizador. De este modo:

$$E!(\tau) =_{Def} \exists x(x = \tau)$$

Por tanto, si τ es un término, entonces $E!(\tau)$ es una fórmula bien formada. Y, en cuanto a la semántica, $E!(\tau)$ es una fórmula verdadera syss $\exists x(x = \tau)$ lo es y falsa en otro caso. Adviértase que, a diferencia del enfoque multivariado, este enfoque *parcial* no implica una proliferación de predicados, dado que $E!$ puede ser visto sencillamente como una abreviatura de $\exists x(x = \tau)$. En lo que sigue, llamaré $E!$-sentencias[23] a las fórmulas del tipo $E!(\tau)$. Así pues, lo que en lógica clásica es un *presupuesto existencial* (puesto que

---

[22]*Cf.* Manzano (1999, p. 10).

[23]Como apunta Nolt (2007, p. 1024), el predicado monario $E!$ puede *no* ser considerado *primitivo*, pero no es definible sin el signo de identidad en nuestro lenguaje.

"every term has a denotation"), en lógica libre es una afirmación explícita que se puede hacer, separadamente, para cada término τ del lenguaje. Esto implica que las reglas para los cuantificadores se relativicen, de tal manera que $\exists x R(x)$ solamente es deducible de una teoría Γ si a ella pertenecen tanto $R(\tau)$ como $E!(\tau)$ (esto es, si τ tiene denotación, pues de lo contrario $R(\tau)$ es falsa, y si $\mathcal{J}(\tau) \in R^{\mathfrak{A}}$). Similarmente, $R(\tau)$ solo será deducible a partir de $\forall x R(x)$ si *sé* que $E!(\tau)$ (o sea, si *sé* que él término τ, que estoy sustituyendo por la variable x, denota) (*Cf.* Nolt (2007, p. 1024)).

Ahora bien, creo que resultaría anacrónico atribuir a Husserl un lenguaje formal tan complejo, con diferentes relatores. No obstante, no cabe duda de que entre sus proposiciones (nuestras *fórmulas bien formadas*) se encuentran las igualdades entre números y las ecuaciones. Es más, la mayoría de ejemplos de *proposiciones* que Husserl pone en sus textos sobre filosofía de la aritmética son igualdades entre números:

> Given this, the proposition "$7 + 5 = 12$" actually holds true, and, to be sure, as a proposition which one can prove to be necessarily true from the concepts 7, 5, 12 and the concept of addition (Husserl, 2003, p. 194).

> Each of its propositions has the form $\alpha + \beta = \gamma$, where α and β can again represent one of the numbers [...] and γ one of the numbers... (Husserl, 2003, p. 286).

> The knowledge of propositions such as, for example, $a \cdot b = b \cdot a$, will under certain circumstances spare us double labor in calculation (Husserl, 2003, p. 294).

Por esta razón, no es imposible que Husserl pudiera pensar en expresiones más abstractas como $\forall x \Psi$ y $\exists x \Psi$, donde Ψ es de la forma $x = \tau$. Las segundas son, pues, las $E!$-sentencias de la lógica libre –o los axiomas existenciales de Husserl. En el próximo apartado, que es el último de este capítulo, presentaré una nueva interpretación de la solución de Husserl al problema de los números ideales desde esta perspectiva de la lógica libre.

5.3.3. La solución de Husserl, reinterpretada

En el cuarto capítulo, ya vimos que la tesis de Husserl de que los axiomas de una teoría como la de los naturales son verdaderos en el dominio ampliado no es cierta. Sin embargo, si restringimos el conjunto de los axiomas al conjunto de los axiomas "existenciales", entonces sí es cierto que los axiomas antiguos son verdaderos en el dominio más amplio. En general, toda $E!$-sentencia que sea verdadera en una estructura $\mathfrak{A}$ es verdadera en la extensión $\mathfrak{A}'$ de $\mathfrak{A}$, así como en la expansión $\mathfrak{A}''$ de $\mathfrak{A}$ (es decir, las $E!$-sentencias se "preservan" bajo extensión y expansión).

La razón de que las $E!$-sentencias se preserven bajo extensión y expansión es que toda sentencia *existencial* del tipo

$$\exists x_1, ..., x_n \phi(x_1, ..., x_n)$$

se preservará bajo extensión y expansión. Esto es fácil de ver. Que una sentencia de la forma $\exists x_1, ..., x_n \phi(x_1, ..., x_n)$ sea verdadera en un modelo significa que hay al menos una n-tupla $\langle \mathbf{x_1}, ..., \mathbf{x_n} \rangle$ en $\mathbf{A} \times \overset{n}{\cdots} \times \mathbf{A}$ (donde $\mathbf{A}$ es el universo del modelo) tal que $\langle \mathbf{x_1}, ..., \mathbf{x_n} \rangle$ satisface a ϕ. Una extensión del modelo implica, como es sabido, que se añadan nuevos elementos a $\mathbf{A}$, pero esto no puede hacer falsas a sentencias existenciales que eran verdaderas. Pues, en efecto, imagínate que el modelo se extiende con la n-tupla $\langle \mathbf{y_1}, ..., \mathbf{y_n} \rangle$. Es evidente que $\langle \mathbf{y_1}, ..., \mathbf{y_n} \rangle$ satisface o no satisface a ϕ, pero esto no cambia que había *una* ($\langle \mathbf{x_1}, ..., \mathbf{x_n} \rangle$) que sí lo hace (naturalmente, este razonamiento falla para las sentencias que son universales). Por otro lado, la expansión del modelo supone que nuevas funciones y relaciones sobre $\mathbf{A}$, pero esto no afectará a la n-tupla $\langle \mathbf{x_1}, ..., \mathbf{x_n} \rangle$ que está en $\mathbf{A} \times \overset{n}{\cdots} \times \mathbf{A}$ y que satisface a ϕ (pues una expansión genera *más* sentencias verdaderas).

Como sostiene Hodges (2006, p. 42), la extensión del concepto de número puede ser vista naturalmente como un proceso que incrementa el número de sentencias existenciales *verdaderas* sin eliminar ninguna. Este proceso llegará a su máximo con el cuerpo algebraicamente cerrado de los números complejos. En términos de Husserl, es un proceso de *maximización* de $E!$-sentencias, es decir, de axiomas existenciales[24]. Y el proceso de maximización de los axiomas existenciales es, en el fondo, el de maximización de *soluciones* de las distintas ecuaciones que podemos formular.

Desde esta perspectiva, la definición de una teoría que está "relativamente definida" como una teoría que, entre otras cosas, admite nuevos axiomas para un dominio más amplio (*Cf.* Husserl (2003, p. 426)) tiene todo el sentido. En mi opinión, estos axiomas "for a broader domain" son axiomas existenciales. En efecto, si la $E!$-sentencia $E!(\tau)$ es falsa en un modelo y verdadera en otro, entonces existe un $\mathbf{x}$ en el universo del modelo $\mathfrak{A}'$ que no está en el universo del modelo $\mathfrak{A}$ (y que denotamos con τ). Luego $E!(\tau)$ extiende a $\mathfrak{A}$. En cambio, en una teoría "absolutamente definida" Husserl afirma que "no axiom can be added at all" (Husserl, 2003, p. 427), es decir, que ningún axioma existencial o $E!$-sentencia podrá añadirse a la teoría sin que entre en contradicción con alguno de los axiomas antiguos. Así pues, si añadimos la fórmula $E!(\sqrt{-1})$ a la axiomatización de Hilbert de los números reales, los axiomas para el orden total serán falsos (si pensamos en los reales como el cuerpo

---

[24] "Expansion by means of existence axioms, and thus expansion of the domain (within the sphere of the same operations)" (Husserl, 2003, p. 477).

$\mathfrak{R} = \langle \mathbb{R}, 0, 1, +, \cdot \rangle$, sin la relación $<$, entonces $Th(\mathfrak{R})$ está "relativamente definida").

Del mismo modo, restringir el conjunto de los axiomas de una teoría Γ al conjunto de sus axiomas "existenciales" también explica por qué para Husserl Γ está *completamente contenida* en Γ^*:

> Every axiom system of lower level is completely contained in every axiom system of higher level, either as an actual part or as a logical part (deductively) (Husserl, 2003, p. 448-49).

> Precisely the relationship between axiom systems, according to which a narrower is contained within a broader, an essential one within a still more essential one, is the presupposition for the possibility of the transition through the Imaginary (Husserl, 2003, p. 451).

Pues, en efecto, imagínese que Γ es $Th(\mathfrak{A})$ y Γ^* es $Th(\mathfrak{A}')$, donde $\mathfrak{A}'$ es una extensión y una expansión de $\mathfrak{A}$. Si toda sentencia $E!$-sentencia (y, en general, toda sentencia del tipo

$$\exists x_1, ..., x_n \phi(x_1, ..., x_n)$$

se preserva bajo extensión y expansión, entonces es evidente que $\models_{\mathfrak{A}} E!(\tau) \Rightarrow \models_{\mathfrak{A}'} E!(\tau)$. Esto es, que si $E!(\tau) \in \Gamma$, entonces $E!(\tau) \in \Gamma^*$. Pero, ¿por qué razón el hecho de que $\Gamma \subseteq \Gamma^*$ es la condición de posibilidad de "the transition through the Imaginary"? En mi opinión, porque de ahí Husserl infiere que $CON(\Gamma) \subseteq CON(\Gamma^*)$, es decir, que si φ es consecuencia de Γ también lo será de Γ^* (pero no necesariamente al contrario):

> The inference from the imaginary is permitted in the singular case or for a class, if we can know in advance and can see that for this case or for this class the inference is decided by the narrower system" (Husserl, 2003, p. 437).

Es decir, podemos obtener proposiciones sobre el dominio antiguo a partir de Γ^* siempre que *sepamos* que se siguen de Γ. Y, por esta razón, $7 + 5 = 12$ y no $12{,}001$.

5.4. Conclusiones

En este capítulo, partíamos de la idea de que la interpretación de Da Silva (2000) matiza la tesis central de la *Doppelvortrag*, ya que solo un subconjunto particular de expresiones (las del "dominio apofántico" de Γ) se preservarían en el paso desde Γ a Γ^*. Las expresiones cuya verdad o falsedad no es decidida por Γ son, en realidad, las que contienen términos *no denotativos*, por lo que recurrimos al texto de Farmer (1990) para evaluar la plausibilidad del enfoque de Da Silva (2000) y Da Silva (2016).

La relativización de los cuantificadores que sugiere Da Silva (2016) parece, a primera vista, un enfoque *multivariado*. La principal ventaja de este enfoque es que permite ver, muy claramente, que no hay contradicción en el hecho de que $\Gamma \vdash \forall x(x + 1 \neq 0)$ y $\Gamma^* \vdash \exists x(x + 1 = 0)$, porque los cuantificadores están recorriendo diferentes variedades ("sorts"). Así pues, $\forall x(R_\sigma(x) \to x + 1 \neq 0)$ y $\Gamma^* \vdash \exists x(R_\rho(x) \wedge x + 1 = 0)$. El problema es la proliferación de los símbolos de predicado R_σ y R_ρ que, como señaló Centrone (2010), no están las teorías habituales de nuestros sistemas numéricos. Sin embargo, Da Silva (2016) solo añade al lenguaje de las teorías *relativamente definidas* un predicado monario y un conjunto de axiomas adicionales que "fijan" el dominio de cuantificación en un subconjunto $\mathbf{A}'$ del universo del modelo. De este modo, dicho universo es la unión de $\mathbf{A}'$, el conjunto de valores "existentes", y un conjunto de valores "no existentes". Aunque los términos puedan "denotar" valores no existentes, la cuantificación solo recorre el universo $\mathbf{A}'$,

lo cual implica que haya objetos "de segunda clase". Filosóficamente hablando, esta postura es incompatible con un punto de vista
nominalista, con el que simpatizo.

Creo que un enfoque *parcial* de los términos no denotativos sí
podría ser nominalista. Defender que la función de interpretación
$\mathcal{J}$ es parcial cuando manda TERM($\mathcal{L}$) a elementos de **A**, pero *total*
cuando manda FORM($\mathcal{L}$) a verdadero o falso evita la proliferación
de *sorts* (y de valores "no existentes"). De hecho, el predicado monario de existencia $E!$ de la lógica libre es más bien una abreviatura
de $\exists x(x = \tau)$. La lógica libre, además, nos ayuda a formalizar algunas de las intuiciones de Husserl, pues en la *semántica negativa*
fórmulas como $x = \pm\sqrt{-a}$ (donde $\sqrt{-a}$ es un término no denotativo) serán falsas. En este sentido, los "axiomas existenciales" de
Husserl, bastante ignorados en la literatura especializada, pueden
considerarse $E!$-sentencias de la lógica libre, lo cual explicaría por
qué Husserl pensaba que los axiomas de Γ son también axiomas
de Γ^*. Pues, en efecto, las $E!$-sentencias (y, de hecho, toda sentencia *existencial*) se preservan bajo extensión y expansión. Esto pudo
hacer pensar a Husserl que CON(Γ) $\subseteq$ CON(Γ^*), lo cual, de ser
cierto, resuelve el problema de los números ideales.

Capítulo 6

Carnap, entre Tarski y Gödel: la metalógica de la teoría simple de tipos[1]

6.1. Introducción

A finales de 1930, después de que Gödel le hubiera comunicado en agosto sus resultados de incompletud, Carnap tomó la firme decisión de abandonar el proyecto de las *Untersuchungen zur allgemeinen Axiomatik.* Prueba de ello es que en su autobiografía[2] intelectual ni lo menciona, y que pasaron setenta años hasta que el manuscrito fue por fin publicado (*Cf.* Reck (2007, p. 193)). Por esta razón, uno podría pensar que hoy en día dicho manuscrito no me-

---

[1] Agradezco a la Bancroft Library de la U.C. Berkeley que me permitiera acceder a los "Henkin papers" y que me facilitara una copia de su tesis doctoral, que cito en este capítulo.

[2] *Cf.* Carnap (1992).

rece especial atención[3]. Sin embargo, estudios recientes[4] defienden una valoración más equilibrada de lo que fueron las aportaciones de Carnap a la *metalógica*, mostrando, así, que las *Untersuchungen* no fueron un completo fracaso. Pues, por poner algún ejemplo, fue Carnap (2000) quien planteó el problema de la completud en el marco de la lógica de orden superior, donde las nociones de categoricidad, no bifurcabilidad y decidibilidad cobran sentido. "Higher-order logic seems to be the most natural framework for investigating completeness" (Reck, 2007, p. 194).

De hecho, Schiemer y cols. (2017, p. 63) opinan que todavía queda trabajo por hacer en lo que respecta al proyecto metalógico de Carnap, ya que habría cuestiones todavía sin explorar. Entre otras, destaca la siguiente:

> One of them is the influence Carnap's work on general axiomatics, and his *Untersuchungen* in particular, had on the historical development of logic: How, more broadly and in more depth, do his contributions relate to work by Tarski, Hilbert, Bernays, and Gödel, and other central figures? (Schiemer y cols., 2017, p. 63).

Tarski conoció a Gödel y Carnap precisamente en febrero de 1930, cuando Menger lo invitó a dar tres charlas en la Universidad de Viena[5]. Parece que, desde entonces, hubo frecuentes interacciones entre ellos. En octubre de 1930, Carnap y Gödel estuvieron juntos en la famosa conferencia de Königsberg y, a pesar de que Tarski no fue, recibió una detallada carta de Gödel (en enero de

---

[3] "Carnap's logical work did not influence Godel in any mathematical or technical way: there is in Carnap's material no mathematical idea that could be exploited for serious results" (Goldfarb, 2005, p. 186).

[4] *Cf.* Awodey y Carus (2001), Reck (2007), Reck (2013), Schiemer (2013) y Schiemer y cols. (2017).

[5] Como explica Reck (2013, p. 547), Tarski fue elegido como representante de la "lógica polaca" en Viena, puesto que era el "estudiante estrella".

1931) contándole sus resultados de incompletud. Por otro lado, en noviembre de 1930, Tarski invitó a Carnap a dar tres conferencias en la Universidad de Varsovia "as an emissary of the Vienna Circle" (Reck, 2013, p. 549). Es más, en su primer encuentro, Tarski advirtió a Carnap de las dificultades que veía en las *Untersuchungen*. Como recogen Awodey y Carus (2001), Carnap hace la siguiente observación en su diario:

> Tarski visits me [...]talked about my *Axiomatik*. It seems correct, but certain concepts don't capture what is intended; they must be defined metamathematically rather than mathematically (*Cf.* Awodey y Carus (2001, p. 163)).

Tarski y Lindenbaum (1935) definen "metamatemáticamente" el concepto de no bifurcabilidad de Carnap, citándolo a él y a Fraenkel (1928). Además, en la carta de Tarski a Quine de 1940, que reproduce Mancosu (2010, p. 470), este menciona su artículo con Lindenbaum, subrayando la equivalencia entre no bifurcabilidad y "completud relativa":

> You can quote the paper by Lindenbaum and myself "Über die Beschränkheit der Ausdrucksmitteln..." in Mengers "Ergebnisse Math. Coll." (7 or 8?) since it contains essentially the same results. In this case you would have to add that the concept of "Nicht-gabelbarkeit" which is discussed there is equivalent to the relative completeness (*Cf.* Mancosu (2010, p. 470)).

Pero Tarski no es el único que hace referencia a las nociones de completud que introduce Carnap en las *Untersuchungen*. Reck (2007, pp. 192-93) cuenta que, cuando Gödel anunció en Königsberg sus resultados de incompletud, lo hizo en conexión con su teorema de completud, relacionando el hecho de que la lógica de primer orden es completa con los conceptos de *monomorfía* y de *decidibilidad*[6]:

> I would furthermore like to call attention to an application that can be made of what has been proved [the Completeness Theorem] to the general theory of axiom systems. It concerns the concepts "decidable" and "monomorphic" [...] It can now be shown that, for a special class of axiom systems, namely those whose axioms can be expressed in the restricted functional calculus, decidability always follows from monomorphism [...] If the completeness theorem could also be proved for the higher parts of logic, then it would be shown in complete generality that decidability follows from monomorphism (*Cf.* Reck (2007, p. 192)).

Es fácil ver que, si una teoría Γ escrita en un lenguaje $\mathcal{L}_1$ de primer orden es monomórfica (categórica), entonces es decidible (completa). Supongamos, pues, que Γ es categórica. De ahí se sigue que, para toda sentencia φ de $\mathcal{L}_1$, $\Gamma \models \varphi$ o $\Gamma \models \neg\varphi$ (o sea, que es semánticamente completa). Y, naturalmente, por el teorema de completud (fuerte) esto implica que $\Gamma \vdash \varphi$ o bien $\Gamma \vdash \neg\varphi$. El problema es que el teorema de Löwenheim-Skolem[7] establece que no hay teorías categóricas en $\mathcal{L}_1$ con modelos infinitos. Gödel sabía, no obstante, que $\mathbf{PA}^2$ es categórica, así que una prueba de completud de la lógica de segundo orden bastaría para probar que $\mathbf{PA}^2 \vdash \varphi$ o $\mathbf{PA}^2 \vdash \neg\varphi$ (esto probaría, además, que la completud de una $\mathcal{L}_2$-teoría se sigue de su categoricidad). En palabras del propio Gödel: "Since we know, for example, that the Peano axiom system is monomorphic, from that the solvability of every problem

---

[6]El concepto de "decidibilidad" (*"Entscheidungsdefinitheit"*) de Gödel es *sintáctico*. Es decir, una teoría es *decidible* si y solo si, para toda sentencia φ de su lenguaje, φ o $\neg\varphi$ es "formally provable in finitely many steps" (*Cf.* Gödel (1929, p. 63)).

[7]*Cf.* Löwenheim (1915) y Skolem (1920).

of arithmetic and analysis in *Principia Mathematica* would follow"
(*Cf.* Reck (2007, p. 192)).

Por esta razón, Reck (2013) argumenta que los teoremas de incompletud de Gödel no deben entenderse *solo* como una respuesta a Hilbert (al propósito de encontrar una prueba de consistencia para la aritmética mediante métodos finitistas), sino también a Carnap y a las *Untersuchungen*, que Gödel conocía perfectamente. Así pues, es evidente que Schiemer y cols. (2017) tenían razón cuando afirmaban que todavía queda camino por explorar en lo que respecta a la influencia del proyecto metalógico de Carnap en la historia de la lógica y, especialmente, en figuras como Tarski y Gödel. Esta investigación merecería, por su complejidad, otro libro aparte.

No obstante, en este capítulo trataré de conectar algunas cuestiones que están en los trabajos de Tarski y Gödel con los conceptos recurrentes de este libro: "categoricidad", "no bifurcabilidad" y "decidibilidad". En este sentido, compararé, en primer lugar, Carnap (2000) con Tarski y Lindenbaum (1935), poniendo especial énfasis en la definición "metamatemática" de estas nociones metalógicas. Y, en segundo lugar, analizaré la introducción de Gödel (1929) a su tesis a la luz de Carnap (2000), porque creo que en ello *se muestra* un profundo vínculo entre el teorema de completud y los de incompletud. De hecho, entender este vínculo nos permite explicar el paso a una semántica de modelos generales de una forma muy natural, tal y como hace Henkin (1947).

6.2. Carnap, Tarski y la metamatemática

6.2.1. La teoría simple de tipos de Tarski

Los resultados que presentaron Tarski y Lindenbaum (1935) se aplican a diferentes teorías deductivas basadas en ciertos sistemas de lógica. La lógica que adoptan incluye como subsistema la lógica de los *Principia Mathematica*, además de otras *sentencias lógicas* que no son ni axiomas ni teoremas de dicho subsistema. La lógica de los *Principia* es modificada de la siguiente manera: se asume la teoría simple de tipos y el axioma de extensionalidad, se eliminan los operadores definidos[8], y solo son sentencias las funciones proposicionales sin variables libres. En cuanto a las sentencias lógicas adicionales, el sistema contiene los axiomas de infinitud y elección.

En Tarski (1934), la "base lógica" de las teorías deductivas es la misma (se dice, explícitamente, que en la teoría simple de tipos se prescinde del axioma de reducibilidad), y también en Gödel (1931) (aunque él sí incluye el axioma de reducibilidad). "*P* is essentially the system obtained when the logic of *PM* is superposed upon the Peano axioms" (Gödel, 1931, p. 151). Y, al igual que en Tarski y Lindenbaum (1935), esa "lógica de *PM*" incluirá axiomas que no están en el sistema de Whitehead y Russell:

> Among the axioms of the system *PM* we include also the axiom of infinity (in this version: there are exactly denumerably many individuals), the axiom of reducibi-

---

[8]Estos "operadores definidos" a los que se refiere Tarski son $\hat{x}(\phi x)$ y $(\iota x)(\phi x)$. El acento circunflejo sobre una variable que precede a una función proposicional indica que x es una clase. La letra griega ι indica una *descripción definida*, de tal manera que $(\iota x)(\phi x)$ se leerá "el x tal que x es ϕ". A este respecto, *Cf.* Linsky (2016).

lity and the axiom of choice (for all types) (Gödel, 1931, p. 145).

Hoy día, nuestra definición clásica de "sistema lógico" (como un triplete formado por un lenguaje formal, una semántica y un cálculo[9]) no incluye axiomas como el de infinitud o elección. Para Carnap (2000), la *lógica* es la teoría simple de tipos, pero el alfabeto de $\mathcal{L}_{TT}$ no estaría formado solo por signos de carácter lógico. Este lenguaje (*"Die Grunddisziplin"*) contiene conceptos (*"Begriffe"*) de la aritmética y la teoría de conjuntos (*Cf.* Carnap (2000, pp. 60-61)).

Tarski (1934, p. 297) distinguirá entre constantes lógicas y variables, por un lado, y constantes extra-lógicas (los "términos específicos" de una teoría), por otro. A cada uno de estos términos se les asigna un tipo. Estas constantes extra-lógicas pueden reemplazar a las variables libres (reales) de una función proposicional[10] y a las que están ligadas en una sentencia. Entre las sentencias, destacan las que son "lógicamente deducibles", esto es, las que son deducibles *en lógica*. Si una sentencia es deducible en lógica, la expresión que resulta de sustituir (apropiadamente) las variables por constantes extra-lógicas también es lógicamente deducible (por ejemplo, de la sentencia lógicamente deducible $\forall x(P(x) \rightarrow P(x))$ se sigue $P(a) \rightarrow P(a)$ que es, por ello, deducible en lógica). A continuación, Tarski (1934, p. 298) introduce una noción de "consecuencia":

---

[9] "A logic is a pair $\langle \mathcal{L}, \models \rangle$ in which explicit definitions are given for the following concepts: (1) A formal language, $\mathcal{L}$, and (2) a semantic consequence relation, $\models$; (3) a derivability relation, $\vdash$, could be added" (Manzano y Alonso, 2014, p. 51).

[10] "I especially emphasize that I constantly use the term 'sentential function' as a metamathematical term, denoting expressions of a certain category (for this term is sometimes interpreted in a logical sense, a meaning being given to it like that of the terms 'property', 'condition', or 'class')" (Tarski, 1931, p. 114).

> Let X be any set of sentences and y any sentence of the
> given theory. We shall say that y is a *consequence of the
> set X of sentences*, or that y is *derivable from the set X*,
> if either y is logically provable or if there is a logically
> provable implication having a sentence belonging to X,
> or a conjunction of such sentences, as its antecedent,
> and having y as its consequent (Tarski, 1934, p. 298).

Es decir, una sentencia y es consecuencia de un conjunto de
sentencias X si y es lógicamente deducible, o bien si la implicación
$X \to y$ es lógicamente deducible. En símbolos, diremos que si $\vdash_{TT} y$
ó $\vdash_{TT} X \to y$, entonces $X \vdash_{TT} y$. Recuérdese que, para Carnap,
"$g\mathfrak{R}$ es una consecuencia de $f\mathfrak{R}$ si $\forall \mathfrak{R}(f\mathfrak{R} \to g\mathfrak{R})$ se tiene[11]" y que
Schiemer y cols. (2017) creían que esto podía entenderse como $\vdash_{TT}$
$\forall \mathfrak{R}(f\mathfrak{R} \to g\mathfrak{R})$. Si tienen razón, las definiciones de consecuencia de
Carnap (2000) y Tarski (1934) se tocan en este punto. Veremos, no
obstante, que a diferencia de Carnap, Tarski no toma la noción de
satisfacibilidad como primitiva.

Como señalaban Tarski y Lindenbaum (1935), estos conceptos
(de función proposicional, sentencia y sentencia "lógicamente deducible") son necesarios para el desarrollo de los resultados que
presentan en su artículo. Además, su sistema de lógica contiene
una "expresión simbólica" de la forma

$$R \frac{x',y',z',\dots}{x'',y'',z'',\dots}$$

que, según Tarski (1934, p. 310), significa lo mismo que la conjunción[12]

$$R \in 1 \longrightarrow 1.V \sim_R V.x' \sim_R x''.y' \sim_R y''.z' \sim_R z'', \dots$$

---

[11] "$g\mathfrak{R}$ heisst eine Folgerung von $f\mathfrak{R}$, wenn $\forall \mathfrak{R}(f\mathfrak{R} \to g\mathfrak{R})$ gilt" (Carnap,
2000, p. 92).

[12] En los *Principia Mathematica*, "$p.q$" significa la conjunción de p y q. *Cf.*
Linsky (2016).

donde V es la clase de todos los individuos, y $1 \longrightarrow 1$ es la clase de todas las relaciones uno-a-uno. R siempre denota una relación binaria entre x' y x'' que pueden de ser de cualquier tipo siempre que tengan el mismo. Por tanto, R será una relación uno-a-uno desde la clase de todos los individuos hacia sí misma ($V \sim_R V$) que "mapea" $x', y', z'...$ en $x'', y'', z''...$, respectivamente. Es evidente que V no es el universo de una estructura particular, sino el universo *en general*. "Historically, the notion of truth in the universe preceded that of truth in a structure[13]" (Manzano, 1999, p. 36).

La explicación del sistema de lógica de Tarski y Lindenbaum (1935) acaba con el *esquema general* de una función proposicional. Se trata de la expresión simbólica $\sigma(a, b, c, ...; x, y, z, ...)$, donde $a, b, c, ...$ son constantes extra-lógicas y $x, y, z, ...$ variables libres. La conjunción de los axiomas de una teoría donde $a, b, c, ...$ son los términos específicos, será $\alpha(a, b, c, ...)$.

6.2.2.   Nociones de completud en Tarski

El primer teorema que introducen Tarski y Lindenbaum (1935, p. 385) es el siguiente. Toda sentencia de la forma

$$(x', x'', y', y'', z', z'', ..., R) : .R\frac{x', y', z', ...}{x'', y'', z'', ...}. \supset: \sigma(x', y', z', ...). \equiv$$
$$.\sigma(x'', y'', z'', ...)$$

es lógicamente deducible. $(x', x'', y', y'', z', z'', ..., R)$ es la forma de expresar que las variables $x', x'', y', y'', z', z'', ...$ y R están ligadas por un cuantificador *universal*. El signo $\supset$ es para el condicional,

---

[13]Hodges (1985, p. 138) argumenta que, en la década de 1930, Tarski *sí* podía relativizar el alcance de los cuantificadores al universo de una estructura *particular*. La razón de que no lo hiciera es, de acuerdo con Hodges, que sus conferencias estaban dirigidas principalmente a filósofos, así que no pensó que este detalle más "técnico" fuera a interesarles.

y el signo $\equiv$ para la equivalencia lógica. Los puntos se usan como paréntesis (*Cf.* Linsky (2016)). Este teorema establece que para todo $x', x'', y', y'', z', z'', ..., R$, si $x' \sim_R x''$, $y' \sim_R y''$, $z' \sim_R z''$, ..., entonces las sentencias $\sigma(x', y', z', ...)$ y $\sigma(x'', y'', z'', ...)$ son lógicamente equivalentes. Es decir, si tenemos una relación uno-a-uno, R, entre $x', y', z', ...$ y $x'', y'', z'', ..., x', y', z', ...$ satisface σ syss $x'', y'', z'', ...$ satisface σ. Adviértase que R no es un isomorfismo, sino un *automorfismo*[14] (esto es, un isomorfismo de la clase de individuos en sí misma). En palabras de Tarski y Lindenbaum:

> Roughly speaking, Th. 1 states that every relation between objects (individuals, classes, relations, etc.) which can be expressed by purely logical means is invariant with respect to every one-one mapping of the "world" (i.e. the class of all individuals) onto itself and this invariance is logically provable (Tarski y Lindenbaum, 1935, p. 385).

Se trata, según ellos, de un resultado muy plausible que había sido usado en ciertas consideraciones intuitivas, pero sin que fuera demostrado[15]. En mi opinión, Th. 1 sería parecido a lo que Carnap llamaba "función proposicional formal" (*Cf.* Glosario: función proposicional formal). En símbolos, decíamos que FOR:= $\forall \mathfrak{S}\mathfrak{T}(g\mathfrak{S} \wedge \text{ISO}(\mathfrak{S}, \mathfrak{T}) \rightarrow g\mathfrak{T})$. Como se advierte, y puesto que $\mathfrak{S}$ y $\mathfrak{T}$ son abreviaturas de las relaciones $S_1, ..., S_n$ y $T_1, ..., T_n$, respectivamente, en la definición de Carnap (2000) no se cuantifica sobre individuos, sino sobre relaciones. De hecho, para Carnap la idea de "relación" es la más importante en lógica (*Cf.* Carnap (2000, p. 65)), puesto que dos conceptos con diferentes *intensiones* y la misma *extensión*

---

[14]"Isomorphisms $f : \mathbf{A} \longrightarrow \mathbf{A}$ are called automorphisms of $\mathbf{A}$" (Hodges, 1993, p. 5).

[15]Tarski y Lindenbaum (1935, p. 385) explican que el Th. 1 se demuestra por inducción sobre la función proposicional $\sigma(x', y', z', ...)$ y que lo probó, en una formulación más débil, Mostowski.

son lógicamente indistinguibles. En cambio, Tarski y Lindenbaum matizan esta tesis y sostienen que nuestra lógica es una lógica de la "cardinalidad", pues dos clases de individuos que tengan la misma cardinalidad y cuyos complementarios también tengan la misma cardinalidad son lógicamente indistinguibles (*Cf.* Tarski y Lindenbaum (1935, pp. 387-38; Th. 5)).

En la segunda sección de Tarski y Lindenbaum (1935), después de aplicar el Th. 1 a la geometría euclidiana, se formulan dos teoremas *metamatemáticos* de carácter general (como una aplicación adicional del Th. 1). Llegados a este punto, Tarski y Lindenbaum (1935, p. 390) definen las nociones de completud, que distinguían Carnap (2000) y Fraenkel (1928), para un sistema de axiomas $\alpha(a, b, c, ...)$: categoricidad, no bifurcabilidad y decidibilidad. Así, un sistema de axiomas $\alpha(a, b, c, ...)$ es categórico si la sentencia

$$(x', x'', y', y'', z', z'', ...) : \alpha(x', y', z', ...).\alpha(x'', y'', z'', ...). \supset$$
$$.(\exists R)R\frac{x',y',z',...}{x'',y'',z'',...}$$

es lógicamente deducible. En Tarski (1934), la definición de categoricidad es la misma, aunque hace especial hincapié en que es, en cierto sentido, "más fuerte" que el concepto habitual de categoricidad (el de Veblen (1904)). Pues, en efecto, lo que están diciendo Tarski y Lindenbaum (1935) es que el sistema de axiomas $\alpha(a, b, c, ...)$ es categórico syss, para todo $x', x'', y', y'', z', z'', ...$, si $x', y', z', ...$ y x'', y'', z'' satisfacen α, existe un automorfismo entre $x', y', z', ...$ y x'', y'', z''. Tarski (1934) llama "intrínsecamente categórico" a los sistemas de axiomas que son categóricos en el sentido de Veblen (1904) y "absolutamente categóricos" a esta noción más fuerte de categoricidad. Como señala Mancosu (2010), en teoría de modelos usamos la primera de ellas:

> This is a rather strong condition and it is not quite
> the same notion of categoricity as used in contemporary
> model theory (where we have non-fixed domains and
> thus appealing to an automorphism of 'the' domain of
> individuals makes little sense) (Mancosu, 2010, p. 483).

En Carnap (2000), el concepto de categoricidad (*monomorfía*)
es el de Veblen (1904), o sea, el de categoricidad intrínseca (*Cf.*
Glosario: monomorfía). En símbolos, MON:$= \exists \mathfrak{R} f \mathfrak{R} \wedge \forall \mathfrak{S} \mathfrak{T} (f \mathfrak{S} \wedge$
$f \mathfrak{T} \to \text{ISO}(\mathfrak{S}, \mathfrak{T}))$, o sea, que para cada par de modelos $\mathfrak{S}, \mathfrak{T}$ de una
teoría consistente f, f será categórica syss existe un isomorfismo
desde $\mathfrak{S}$ hacia $\mathfrak{T}$. No obstante, Tarski tiene la intuición, que está ya
en Carnap y Veblen (y, yo diría, también en Husserl), de que una
teoría que no sea categórica no está del todo (¿absolutamente?)
definida:

> A non-categorical set of sentences (especially if it is used
> as an axiom system of a deductive theory) does not
> give the impression of a closed and organic unity and
> does not seem to determine precisely the meaning of the
> concepts contained in it Tarski (1934, p. 311).

Por otro lado, según Tarski y Lindenbaum (1935), un sistema
de axiomas $\alpha(a, b, c, ...)$ es no bifurcable si, para toda función proposicional $\sigma(x, y, z, ...)$, la disyunción

$$(x, y, z, ...) : \alpha(x, y, z, ...). \supset .\sigma(x, y, z, ...) : \vee : (x, y, z, ...) :$$
$$\alpha(x, y, z, ...). \supset . \sim \sigma(x, y, z, ...)$$

es lógicamente deducible. Esto es, syss es un teorema en lógica
que, para todo $x, y, z, ...$, $\alpha(x, y, z, ...)$ implica $\sigma(x, y, z, ...)$ o bien
$\sim \sigma(x, y, z, ...)$ ($\sim$ es el signo para la negación). Esto significa que
el sistema de axiomas $\alpha(a, b, c, ...)$ "leaves no question open" en el
sentido de Husserl y Veblen, ya que ninguna función proposicional

$\sigma(x, y, z, ...)$ será independiente de $\alpha(x, y, z, ...)$. De ahí que, tomando la definición de "modelo" de Tarski (1940, p. 490), no existan dos sistemas de objetos $o_1, o_2, o_3, ...$ y $o'_1, o'_2, o'_3, ...$ tales que ambos satisfacen $\alpha(a, b, c, ...)$, $o_1, o_2, o_3, ...$ satisface a $\sigma(a, b, c, ...)$ y $o'_1, o'_2, o'_3, ...$ satisface a $\sim \sigma(a, b, c, ...)$. Para Carnap (2000), una teoría bifurcable era precisamente una teoría cuyos modelos no satisfacen las mismas sentencias (así, la teoría de los órdenes parciales tendrá modelos que satisfacen la sentencia que expresa que son densos y otros que satisfacen a su negación. *Cf.* Glosario: bifurcabilidad). En símbolos, BIF:$= \exists\mathfrak{R}(f\mathfrak{R} \wedge g\mathfrak{R}) \wedge \exists\mathfrak{S}(f\mathfrak{S} \wedge \neg g\mathfrak{S}) \wedge \text{FOR}(g)$. Como se puede ver, Tarski distingue más claramente que Carnap entre variables, constantes y objetos, por lo que su definición de "no bifurcabilidad" es, creo, más precisa.

Finalmente, Tarski y Lindenbaum (1935, p. 390) explican que un sistema de axiomas $\alpha(a, b, c, ...)$ es decidible ("decision-definite") o completo si, para para toda función proposicional $\sigma(x, y, z, ...)$, la sentencia

$$(x, y, z, ...) : \alpha(x, y, z, ...). \supset .\sigma(x, y, z, ...)$$

$$ó$$

$$(x, y, z, ...) : \alpha(x, y, z, ...). \supset . \sim \sigma(x, y, z, ...)$$

es lógicamente deducible. En la notación hoy estándar,

$$\vdash \forall x_1, ..., x_n \phi(x_1, ..., x_n) \rightarrow \psi(x_1, ..., x_n))$$

$$ó$$

$$\vdash \forall x_1, ..., x_n \phi(x_1, ..., x_n) \rightarrow \neg\psi(x_1, ..., x_n)$$

Esto equivale a decir que

$$\forall x_1, ..., x_n \phi(x_1, ..., x_n) \vdash \psi(x_1, ..., x_n)$$

$$ó$$

$$\forall x_1, ..., x_n \phi(x_1, ..., x_n) \vdash \neg\psi(x_1, ..., x_n),$$

lo cual es la definición habitual de "completud de una teoría". Según Carnap (2000), una teoría f es decidible syss, para toda función proposicional g de su lenguaje, g o $\neg g$ es consecuencia de f (*Cf.* Glosario: decidibilidad). En símbolos, decíamos que DEC:= $\exists \mathfrak{R} f \mathfrak{R} \wedge \forall g(\text{FOR}(g) \to \forall \mathfrak{S}((\mathfrak{S}f \to \mathfrak{S}g) \vee (\mathfrak{S}f \to \mathfrak{S}\neg g)))$. Así, estamos cuantificando universalmente sobre la función proposicional g y sobre el modelo $\mathfrak{S}$, lo cual es un poco extraño (y apunta a cierta confusión del lenguaje con el universo). Además, DEC es muy parecida a la definición de Tarski y Lindenbaum (1935) de "no bifurcabilidad". Esto no es, en absoluto, sorprendente, porque Carnap entiende la "decidibilidad" como completud *semántica* (y no como completud sintáctica) y toda teoría no bifurcable es semánticamente completa. De hecho, el concepto de teoría decidible o completa de Tarski y Lindenbaum (1935) se parece más al de "k-decidibilidad":

> Definición 3.6.2 f se llama "k-decidible" si puede mostrarse un modelo de f y especificarse un procedimiento por el cual, para cada función proposicional formal g, puede ejecutarse una prueba de $f \to g$ o de $f \to \neg g$ en un número finito de pasos[16] (Carnap, 2000, p. 145).

Una vez definidas estas tres nociones de completud, Tarski y Lindenbaum (1935) formulan el Th. 9: todo sistema de axiomas que sea categórico es no bifurcable. Carnap (2000, p. 140) tenía claro que este teorema era cierto, ya que sostiene que $\mathbf{PA}^2$ es monomórfica y, debido a ello, no bifurcable. Al igual que Gödel en su conferencia de Königsberg, argumenta que si el problema de la decisión fuera resuelto afirmativamente, entonces toda teoría mo-

---

[16] "Definition 3.6.2 f heisst „k-entscheidungsdefinit", wenn ein Modell von f aufgewiesen und ein Verfahren angegeben werden kann, nach dem bei jedem vorgelegten formalen g [...] entweder der Beweis für $f \to g$ oder der Beweis für $f \to \neg g$ in endlich vielen Schritten geführt werden kann" (Carnap, 2000, p. 145).

nomórfica sería k-decidible[17]. Sin embargo, Tarski y Lindenbaum (1935) –que escribían después de Gödel (1931)- afirman que $\mathbf{PA}^2$ es categórica, no bifurcable, pero "incomplete, i.e. there are arithmetical sentences which can be neither proved nor disproved by means of the axioms of arithmetic" (Tarski y Lindenbaum, 1935, p. 390).

El siguiente teorema que enuncian (es decir, el Th. 10) establece que todo sistema de axiomas que sea no bifurcable *y* "efectivamente interpretable" en lógica es categórico. Mancosu (2010, p. 483) interpreta esta condición de ser "efectivamente interpretable" como la de tener un modelo que sea definible en la lógica base, aunque subraya que el Th. 10 asume que la teoría es, además de no bifurcable, axiomatizable. Pero estas no son las únicas condiciones que nos permiten deducir categoricidad de no bifurcabilidad (*Cf.* Awodey y Reck (2002b)). En cambio, el teorema 3.4.9 de Carnap (2000) pretende probar que ser no bifurcable es condición suficiente para ser categórico, lo cual es falso[18].

Tarski y Lindenbaum (1935) acaban el artículo enfatizando la *relatividad* de estos tres conceptos (categoricidad, no bifurcabilidad y completud) a cuál sea el sistema de lógica adoptado:

> *If,* for example, *the logic is complete, then the concepts of non ramifiability and completeness have the same extension for every axiom system, so that every categori-*

---

[17] "Wir wollen zunächst einmal die *Annahme* machen, das *Entscheidungsproblem der Logik sei schon gelöst* [...] *In diesem Falle ist jedes monomorphe Axiomensystem k-entscheidungsdefinit*" (Carnap, 2000, p. 146).

[18] "The cornerstone of Carnap's work, as rejected in his *Axiomatik*, is a theorem called the '*Gabelbarkeitssatz*'. It essentially states that being 'nichtgabelbar' (semantically complete) implies being 'monomorph' (categorical). Unfortunately, Carnap's proof of this theorem is faulty, as he eventually came to realize himself. This realization led him to abandon his entire metatheoretic project around 1930. (Awodey y Reck, 2002a, p. 26).

> *cal system is* (not only nonramifiable but also) *complete*
> (Tarski y Lindenbaum, 1935, p. 391).

Esta es la misma observación que había hecho Gödel (Reck, 2007, p. 192) en su conferencia de Königsberg y que también hacía Carnap (2000, p. 146). Esto es, si la lógica base de Γ es completa y Γ es tal que, para toda sentencia φ de su lenguaje, $\Gamma \models \varphi$ o bien $\Gamma \models \neg\varphi$, entonces $\Gamma \vdash \varphi$ o bien $\Gamma \vdash \neg\varphi$. Así, y puesto que para toda teoría categórica se cumple que $\Gamma \models \varphi$ o $\Gamma \models \neg\varphi$, si Γ es categórica y su lógica base es completa, entonces Γ es completa. Es fácil ver que Tarski y Lindenbaum (1935) distinguen, pues, entre la completud de la lógica base y la completud de la teoría, y entre esta última, la categoricidad y la no bifurcabilidad. La metalógica llegó para quedarse.

6.2.3. Excurso: La concepción universalista de la lógica

A raíz de una serie de conferencias y seminarios que impartió Dreben en Harvard en la década de 1960, se extendió la idea, recogida en Van Heijenoort (1967) y Dreben y Van Heijenoort (1986), de que Frege, Whitehead y Russell tenían una *concepción universalista* de la lógica que es radicalmente distinta a la nuestra. Esta concepción de la lógica explicaría sus métodos y actitudes hacia la misma y ha tenido mucho éxito entre los historiadores de la disciplina. En particular, los partidarios de esta interpretación defienden que esta forma de concebir la lógica es incompatible con la formulación de las cuestiones que hoy llamamos *metalógicas*. Uno de los rasgos más característicos de la lógica "universal" es que el universo no es el dominio de una estructura particular, sino que es todo lo que existe y es, además, un universo fijo:

> For Frege it cannot be a question of changing universes.
> One could not even say that he restricts himself to one
> universe. His universe is the universe. Not necessarily
> the physical universe, of course, because for Frege some
> objects are not physical. Frege's universe consists of all
> that there is, and it is fixed (Van Heijenoort, 1967, p.
> 325).

> In *Principia Mathematica* some of the aspects of the
> universality of logic are modified –by the introduction
> of types. Quantifiers now range over stratified types.
> But within one type there is no restriction to a specific
> domain, and in that sense the universality is preserved.
> We have a stratified universe, but here again it is the
> universe, not a universe of discourse changeable at will
> (Van Heijenoort, 1967, p. 326).

Este rasgo de la concepción universalista de la lógica aparece
de manera reiterada en otros comentaristas que comparten dicha
interpretación:

> It is certainly true that Frege and Russell saw the quan-
> tifier as a central item in their logical systems [...] The
> ranges of the quantifiers –as we would say- are fixed in
> advance once and for all. The universe of discourse is
> always the universe, appropriately striated (Goldfarb,
> 1979, p. 351).

> The interpretation of our language cannot be changed
> or, rather, we cannot speak of, or theorize about, such
> changes. Hence there is only one thing language can
> speak of, to wit, this one actual world. There is no sense
> in talking about other possible worlds or other models
> (Hintikka, 1988, p. 2).

Y también en los trabajos de de Rouilhan (1991) y Rivenc
(1993):

> Si la logique est universelle, l'univers du discours en est
> l'univers universel, la totalité de ce qui est (de Rouilhan,
> 1991, p. 105).

> Cette logique est universelle au sens où elle s'applique à
> tout domaine d'objets pensables, au sens où les relations
> logiques se retrouvent partout: ce qu'on peut exprimer
> en disant que selon cette conception, le seul "univers du
> discours" est l'Univers tout court, le Monde, la totalité
> de l'être (Rivenc, 1993, p. 7).

Al margen de si esta lectura de Frege, Whitehead y Russell es
correcta o no (algo que desbordaría los límites de este libro), sí que
podemos preguntarnos si pensar que los cuantificadores recorren un
universo que es "el" universo –y que ese universo está fijo- es incompatible con la metalógica. En este sentido, creo que los textos de
Tarski (1934) y Tarski y Lindenbaum (1935) nos ofrecen evidencia
textual suficiente para concluir que no es así. En efecto, el carácter
metalógico (metamatemático) de estos artículos es innegable y su
concepción del universo es fija y "universal". Piénsese en el concepto de *automorfismo*. Si $\mathbf{A}$ es "el" universo, entonces el isomorfismo
desde una clase de individuos $\mathfrak{A}$ hacia otra clase $\mathfrak{B}$ está definido
desde $\mathbf{A}$ hacia sí mismo (es un automorfismo). Por el contrario, si
$\mathbf{A}$ es el universo de la estructura $\mathfrak{A}$, el isomorfismo desde $\mathfrak{A}$ hacia
$\mathfrak{B}$ está definido desde $\mathbf{A}$ hacia $\mathbf{B}$ (no es un automorfismo). Por
tanto, la condición tan fuerte de que R fuera un automorfismo solo
se entiende desde una concepción "universalista" del dominio de
cuantificación.

De hecho, Mancosu (2006), Mancosu (2015) argumenta que, entre 1936 y 1940, Tarski tiene una teoría de la consecuencia lógica
basada en un *universo fijo*. Esto significa, pues, que los cuantificadores no pueden ser reinterpretados en dominios diferentes, por
lo que su noción de consecuencia no es la estándar en teoría de

modelos (*Cf.* Mancosu (2015, pp. 129-30)).

Aunque esta cuestión generó un candente debate con Gómez-Torrente (2009), creo que Tarski (1940) refuerza la opinión de Mancosu. Pues, como él mismo señala, al lector contemporáneo le resulta extraño que Tarski afirme que, para toda sentencia lógica φ (o sea, sin constantes extra-lógicas) de una teoría Γ se cumple[19] que $\Gamma \models \varphi$ o bien $\Gamma \models \neg\varphi$. Esta tesis solamente tiene sentido si asumimos que Γ axiomatiza un modelo deseado (dentro del "Universo") donde toda sentencia lógica es verdadera o falsa. Pero, si Γ describe una amplia clase de estructuras que pueden tener *distintos universos*, entonces la afirmación de Tarski (1940) es falsa. (Sea $\Gamma := \forall x R(x,x)$ y $\varphi := \exists xy(x \neq y)$. Es evidente que $\Gamma \not\models \varphi$ ni $\Gamma \not\models \neg\varphi$).

Por lo tanto, una caracterización "fija" del dominio de cuantificación (que es un rasgo muy característico de la concepción universalista de la lógica) no es incompatible con el desarrollo de la metalógica.

6.3. De Gödel a Henkin

6.3.1. La tesis doctoral de Gödel

En la introducción de su tesis doctoral, que no aparecerá en Gödel (1930), Gödel (1929) afirma explícitamente que asumir que todo conjunto consistente de fórmulas –de primer y de segundo orden– tiene un modelo presupone que no hay problemas irresolubles

---

[19] "Thus a system of sentences of a given deductive theory is called *semantically complete* if every sentence which can be formulated in the given theory is such that either it or its negation is a logical consequence of the considered set of sentences. It should be noted that the condition just mentioned is satisfied by any logical sentence" (Tarski, 1940, p. 490).

en matemáticas[20]. El propósito de este apartado es explicar por qué.

La prueba que presenta Gödel (1929) demuestra que el subsistema de los *Principia Mathematica* que Hilbert y Ackermann (1928) llamaban "restricted functional calculus" (la lógica de primer orden) es *completo*. Esto es, que toda fórmula válida es deducible a partir de los axiomas por medio de un número finito de inferencias. Era un problema abierto en Hilbert y Ackermann (1928):

> Es todavía una cuestión sin resolver si el sistema de axiomas [de la lógica de primer orden] es completo al menos en el sentido de que todas las fórmulas lógicas que son verdaderas para todo dominio de individuos pueden ser deducidas a partir de los mismos[21] (Hilbert y Ackermann, 1928, p. 869).

Ya en la propia introducción, Gödel comenta que la completud de la lógica de primer orden es equivalente al hecho de que todo conjunto consistente de $\mathcal{L}_1$-fórmulas tiene un modelo. El teorema 2.4.8 de Carnap (2000) "demuestra" que todo sistema de axiomas (escrito en $\mathcal{L}_{TT}$) consistente es satisfacible y su razonamiento es el siguiente. Carnap (2000, p. 96), al igual que Gödel (1929), define un sistema de axiomas satisfacible como aquel que "tiene un modelo"; uno consistente, como aquel del que "no se sigue ninguna contradicción". En símbolos, una teoría f es consistente syss $\neg \exists h(\forall \mathfrak{R}(f\mathfrak{R} \rightarrow (h\mathfrak{R} \wedge \neg h\mathfrak{R})))$. De ahí Carnap (2000, p. 96) concluye que f tiene un modelo aplicando las leyes de De Morgan

---

[20]Naturalmente, solo si se hace una interpretación constructiva (es decir, si se rechaza el uso del tercio excluso). Como escribe Carnap, "Gödel says: if I want to follow the constructivist standpoint consistently, I will either have to reject the principle of excluded middle [...] or assume a decidable (complete) logic! That seems right!" (Awodey y Carus, 2001).

[21]"Ob das Axiomensystem wenigstens in dem Sinne vollständig ist, daß wirklich alle logischen Formeln, die für jeden Individuenbereich richtig sind, daraus abgeleitet werden können, ist eine noch ungelöste Frage" (Hilbert y Ackermann, 1928, p. 869).

y la interdefinibilidad de los cuantificadores (con la negación). El resultado es que $\forall h(\exists\mathfrak{R}(f\mathfrak{R} \wedge (\neg h\mathfrak{R} \vee h\mathfrak{R})))$. Por tanto, si f es consistente, entonces es satisfacible.

El teorema 2.4.8 es, como señalan Awodey y Reck (2002a, p. 26), la razón por la que su *Gabelbarkeitsatz* falla. Como vimos principalmente en el tercer capítulo, es una consecuencia inmediata del primer teorema de incompletud de Gödel que hay conjuntos de fórmulas insatisfacibles ($\mathbf{PA}^2 \cup \neg g$, donde $\neg g$ es la fórmula de Gödel) que no son contradictorios. No obstante, es en Gödel (1929), y no en Gödel (1931), donde hace ver que el resultado que él presenta para la lógica de primer orden no es generalizable sin que ello presuponga el hecho de que no habrá proposiciones indecidibles:

> L. E. Brouwer, in particular, has emphatically stressed that from the consistency of an axiom system we cannot conclude without further ado that a model can be constructed [...] This definition [...], however, manifestly presupposes the axiom that every mathematical problem is solvable. Or, more precisely, it presupposes that we cannot prove the unsolvability of any problem (Gödel, 1929, p. 61)

Aunque cite a Brouwer, el argumento de Gödel para ilustrar su punto no es filosófico ni apela a ningún principio intuicionista, sino que está basado en la categoricidad de la teoría de los reales, sea esta Γ. Supongamos con Gödel que hubiera un problema irresoluble en esta teoría (o sea, una proposición g indecidible). Eso implicaría que $\Gamma \not\vdash g$ ni $\Gamma \not\vdash \neg g$, así que g sería independiente de Γ. Y aquí viene el paso clave. Que g fuera independiente de Γ significaría que Γ tiene dos modelos $\mathfrak{R}$ y $\mathfrak{S}$ tales que $\mathfrak{R}$ satisface a g y $\mathfrak{S}$ satisface a $\neg g$ (en términos de Carnap, que Γ "se bifurca" en g). Es decir, significaría, como apunta el propio Gödel, que Γ tiene modelos no isomorfos ("*nicht isomorpher Realisierungen*"), lo cual contradice

el hecho de que la teoría de los reales es categórica[22]. Por tanto, si
una teoría categórica Γ (la de los reales, $\mathbf{PA}^2$, etc.) contiene una
proposición indecidible g, entonces $\Gamma \cup \{g\}$ o bien $\Gamma \cup \{\neg g\}$ debe
ser insatisfacible (pues Γ tiene esencialmente un único modelo), y
es evidente que ni $\Gamma \cup \{g\}$ ni $\Gamma \cup \{\neg g\}$ son contradictorios. De ahí
que mantener que todo conjunto consistente de $\mathcal{L}_2$-fórmulas tiene
un modelo presuponga que no hay problemas irresolubles en las
$\mathcal{L}_2$-teorías que sean categóricas. En palabras de Gödel (1929):

> For, if the unsolvability of some problems (in the do-
> main of real numbers, say) were proved, then, from the
> definition above, there would follow the existence of two
> non-isomorphic realizations of the axiom system for the
> real numbers, while on the other hand we can prove the
> isomorphism of any two realizations [...] These reflec-
> tions, incidentally, are intended only to properly illumi-
> nate the difficulties that would be connected with such
> a definition of the notion of existence (Gödel, 1929, pp.
> 61-63).

A renglón seguido, Gödel (1929, p. 63) afirma que no puede
descartarse la posibilidad de que se pruebe que existen problemas
irresolubles en el dominio de los números reales, porque "ser irresoluble" significa "no ser deducible por medio de inferencias formales
precisamente establecidas". Así, da a entender que el concepto de
solubilidad de la escuela de Hilbert es, quizás, demasiado estricto.
De hecho, su demostración de completud no hace ninguna restricción a los *métodos* que se usan en la misma. "In particular, essential

---

[22]Según Tarski y Lindenbaum (1935), es imposible realizar una *prueba de
independencia* para una teoría no bifurcable (y, en consecuencia, también lo es
para una teoría categórica):

"For example, the axiomatically constructed arithmetic of natural numbers is
categorical and thus non-ramifiable [...] On account of the non-ramifiability the
independence proof for such sentences cannot be carried out in any direction
by an interpretation in logic" (Tarski y Lindenbaum, 1935, p. 390).

use is made of the principle of the excluded middle for infinite collec-
tions" (Gödel, 1929, p. 63). Luego esa prueba no es constructiva[23],
lo cual haría (como Gödel mismo señala) que muchos pensaran que
no es un resultado válido.

No obstante, no parece que Gödel creyera que era posible encontrar una demostración *constructiva* de la completud de la lógica de
primer orden[24]. En una conversación del 14 de diciembre de 1928,
que recogen Awodey y Carus (2001), Gödel le dijo a Carnap que, si
quería ser consecuente con el punto de vista constructivista, tenía
que rechazar el principio del tercio excluso o bien asumir una lógica
completa ("a 'complete' (decidable) logic"). Como vimos, Carnap –
que estaba de acuerdo con ese comentario de Gödel- acabó optando
por la segunda opción, porque la afirmación de que todo conjunto consistente de fórmulas (de un lenguaje de orden superior) es
satisfacible presupone que no habrá proposiciones indecidibles en
las teorías categóricas de ese lenguaje. En cambio, Gödel (que ya
entonces tenía la intuición de que ese presupuesto era falso) renun-
ció al punto de vista constructivista y, haciendo un uso clave del
principio del tercio excluso, resolvió el problema que plantearon,
para la lógica de primer orden, Hilbert y Ackermann (1928): toda
fórmula válida *es* un teorema lógico.

Gödel (1929) terminará su introducción admitiendo que, a pesar
de todo, el uso del tercio excluso puede ser visto como una suerte
de "decidibilidad", porque uno podría pensar que dicho principio

---

[23] "The step that clinches the proof consists in showing that since there are
only finitely many alternatives at each stage n (given that the domain is finite)
and that each interpretation that satisfies M_{n+1} makes true the previous M_n's,
it follows that there is an infinite sequence of interpretations S_1, S_2, and so on
such that S_{n+1} contains all the preceding ones. This follows from an application
of König's lemma, although Gödel does not explicitly appeal to König's result"
(Mancosu, 2010, p. 108).

[24] *Cf.* Manzano y Alonso (2014).

expresa, en el fondo, que todo problema es soluble (afirmativa o negativamente). En concreto, Gödel (1929) asume que la *validez* de cualquier fórmula de la lógica de primer orden puede probarse a partir de un número finito de inferencias o bien refutarse a través de un contrajemplo (o contramodelo). "Construir" este *contramodelo* es la llave de nuestras pruebas contemporáneas de completud que, naturalmente, siguen la estrategia de Henkin.

6.3.2. La tesis doctoral de Henkin

Gödel (1931) prueba que, efectivamente, una teoría categórica como $\mathbf{PA}^2$ contiene enunciados indecidibles –la fórmula g de Gödel-, pues, por el primer teorema de incompletud, $\mathbf{PA}^2 \nvdash g$ y $\mathbf{PA}^2 \nvdash \neg g$, lo cual implica que ni $\mathbf{PA}^2 \to g$ ni $\mathbf{PA}^2 \to \neg g$ son *teoremas lógicos*. Sin embargo, al mismo tiempo se cumple que $\mathbf{PA}^2 \models g$ y que $\mathbf{PA}^2 \cup \{\neg g\}$ es insatisfacible, por lo que $\mathbf{PA}^2 \to g$ sí que es una *fórmula válida*. Por lo tanto, del teorema de incompletud de Gödel se sigue que la lógica de segundo orden es incompleta (porque no toda fórmula válida es un teorema lógico). Quisiera terminar este capítulo mostrando cómo Henkin (1947), en su tesis doctoral, presenta la prueba de completud para la teoría de tipos de Church diciendo que, si cambiamos de semántica, entonces $\mathbf{PA}^2 \cup \{\neg g\}$ es satisfacible (algo que no hará en Henkin (1950)).

Como señalan Andréka y cols. (2014, p. 309) los modelos generales son a veces considerados una herramienta *ad hoc* con muy poco contenido genuino. Así, "general models are then a proof-generated device lacking independent motivation and yielding no new insights about second-order logic" (Andréka y cols., 2014, p. 309). Una posible defensa frente a esta objeción sería que los modelos estándar asumen que queremos cuantificar sobre todas las funciones y relaciones posibles definidas sobre nuestro universo de individuos. Es decir, $\mathcal{J}(X^n)$ es cualquier elemento de $\wp(\mathbf{A}^n)$. Sin embargo, con modelos generales no cuantificamos sobre todas las posibles, sino solo sobre ciertos *subconjuntos* de $\wp(\mathbf{A}^n)$ y, en particular, sobre todos los *definibles* por medio de $\mathcal{L}_2$-fórmulas. De este modo, el concepto de "subconjunto" vendrá dado con cada modelo[25], y no será tomado acríticamente de la teoría de conjuntos.

Naturalmente, cuantificar *solo* sobre los subconjuntos definibles de $\wp(\mathbf{A}^n)$ tendrá importantes consecuencias. Henkin (1950, p. 89) afirma que, como ya había observado Skolem, la categoricidad de $\mathbf{PA}^2$ únicamente se obtiene si el $\forall X$ de $\forall X(X(c) \wedge \forall z(X(z) \rightarrow X(\sigma(z))) \rightarrow \forall x X(x))$ recorre todo $\wp(\mathbb{N})$. De lo contrario, cabe esperar que $\mathbf{PA}^2$ tenga modelos no estándar y que, por esa razón, no sea categórica[26] con una semántica de modelos generales:

> The Peano axioms are generally thought to characterize the number sequence fully in the sense that they form a categorical axiom set any two models for which are isomorphic. As Skolem points out, however, this condition obtains only if "set" –as it appears in the axiom of complete induction (our P3)- is interpreted with its standard meaning (Henkin, 1950, p. 89)

Recuérdese que, según Gödel (1929), defender que todo conjunto consistente (de $\mathcal{L}_2$-fórmulas) tiene un modelo presupone que no tendremos proposiciones indecidibles en una $\mathcal{L}_2$-teoría categórica Γ, ya que si $\Gamma \nvdash g$ ni $\Gamma \nvdash \neg g$, entonces $\Gamma \cup \{g\}$ o bien $\Gamma \cup \{\neg g\}$ es insatisfacible. Ahora bien, puesto que con modelos generales perdemos la categoricidad de teorías como $\mathbf{PA}^2$, ¿en esta semántica

---

[25] *Cf.* Manzano (1996, pp. 150-52).

[26] El problema de la *categoricidad* con una semántica de modelos generales es discutido en Väänänen y Wang (2015).

será cierto, como en lógica de en primer orden, que todo conjunto consistente de $\mathcal{L}_2$-fórmulas tiene un modelo? Ese es el teorema principal de Henkin (1947) y Henkin (1950): la lógica de segundo orden *sí* que es completa con modelos generales.

Pero el paso a una semántica con modelos generales puede explicarse, en mi opinión, desde la propia categoricidad de $\mathbf{PA}^2$. En cierto sentido, es poco intuitivo que, a pesar de que $\mathbf{PA}^2 \nvdash g$ ni $\mathbf{PA}^2 \nvdash \neg g$ (donde g será la fórmula de Gödel), no podamos decir que g es independiente de $\mathbf{PA}^2$, o, dicho de otro modo, que $\mathbf{PA}^2$ se bifurca en g. Que la fórmula de Gödel fuera independiente de $\mathbf{PA}^2$ significaría que $\mathbf{PA}^2$ tiene un modelo (el estándar) que satisface a g y otro modelo (el no estándar) que satisface a $\neg g$. Y, de hecho, como explica Raatikainen (2018), de la *indecidibilidad* de g también podemos concluir que existen otros modelos (además del modelo deseado) de $\mathbf{PA}^2$. Así, vemos que el axioma de inducción "fija" el modelo estándar como el único modelo de la teoría, lo cual implica que g es verdadera en todo modelo de $\mathbf{PA}^2$. Por tanto, $\mathbf{PA}^2 \models g$ o, lo que es lo mismo, $\mathbf{PA}^2 \rightarrow g$ es una fórmula válida (a pesar de no ser un teorema lógico). En palabras de Henkin:

> However, because the theory of numbers may be developed within this system [Church's type theory], the techniques of Gödel apply and may be used to show the existence of a w.f.f. which denotes T for each standard model and yet is not a formal theorem (Henkin, 1947, p. 48)

Es decir, $\models_{SS} \mathbf{PA}^2 \rightarrow g$. Pero Henkin sabía que, si no excluyéramos a los modelos no estándar, g no sería consecuencia semántica de $\mathbf{PA}^2$, puesto que $\mathbf{PA}^2$ tendría un modelo que *sí* hace falsa a g. Evidentemente, si $\mathbf{PA}^2 \nvDash_{GS} g$, entonces $\nvDash_{GS} \mathbf{PA}^2 \rightarrow g$, es decir, $\mathbf{PA}^2 \rightarrow g$ no es una fórmula válida en una clase de estructuras más amplia. Con esta semántica, el número de fórmulas válidas *se reduce*, al punto de que coincide con los teoremas lógicos. De este modo, el equilibrio entre cálculos y modelos se reestablece:

> We explain this fact by showing that there are other models than the standard ones for which all formal theorems express true propositions. The possibility then arises that the Gödel formulas cannot be proved because they denote F for some non-standard model. This possibility is indeed realized, and contained in our statement of *completeness*: every formula which denotes T with respect to all models is formally provable (Henkin, 1947, p. 48).

Al final de su tesis, Henkin (1947, pp. 73-74) sostiene que, a la luz de sus resultados, tiende a interpretar los teoremas de incompletud de Gödel como una limitación no tanto de nuestra capacidad para *demostrar*, sino de nuestra capacidad para especificar *a qué nos referimos* con un sistema simbólico que manipulamos con reglas formalmente establecidas. Desde este punto de vista, es nuestra incapacidad para reconocer que los significados no estándar *sí* son compatibles con el uso de tales reglas lo que bloquea nuestra habilidad para establecer resultados. Pero, como él mismo dice, "perhaps this is philosophy" (Henkin, 1947, p. 74).

6.4. Conclusiones

En este capítulo, he tratado de conectar los conceptos más recurrentes del presente libro ("categoricidad", "no bifurcabilidad" y "decidibilidad") con los trabajos de Tarski y Gödel. Por esta razón, comparé las *Untersuchungen zur allgemeinen Axiomatik* de Carnap con dos textos de Tarski, escritos en la década de 1930 (Tarski (1934) y Tarski y Lindenbaum (1935)), y con la tesis doctoral de

Gödel. Fueron Tarski y Gödel quienes hicieron ver a Carnap que su proyecto metalógico tenía algunas fallas importantes, por lo que el propio Carnap decidió abandonarlo y no publicar nunca su manuscrito.

No obstante, hay algunas semejanzas entre estas investigaciones y las que publicaría Tarski en la década de 1930 (no en vano, Tarski sugiere a Carnap una definición "metamatemática" de sus conceptos). El sistema lógico sobre el que se formulan las teorías deductivas –la "lógica base"- es el mismo para Tarski y para Carnap (de hecho, también lo es para Gödel): la teoría simple de tipos. Es cierto, no obstante, que Tarski y Gödel afirman explícitamente que los axiomas de infinitud y elección son parte del sistema lógico, algo que Carnap (2000) no hace. En Tarski (1934) ya vemos una clara separación entre constantes lógicas y extra-lógicas, así como entre lenguaje y universo (no se puede cuantificar sobre el conjunto de funciones proposicionales). Así pues, las nociones de categoricidad, no bifurcabilidad y decidibilidad (o *completud*) al fin reciben una formulación precisa. Tarski y Lindenbaum (1935) muestran que toda teoría categórica es no bifurcable (tal y como argumentaba Carnap) y que toda teoría no bifurcable que sea *efectivamente interpretable* en lógica es categórica. Esto contradice el *Gabelbarkeitssatz* de Carnap, ya que de ahí se sigue que podemos tener teorías no bifurcables que no sean categóricas. A pesar de ello, parece ser que la metamatemática de Tarski entre 1934 y 1940 descansa en una caracterización "fija" del dominio de cuantificación, lo cual socava uno de los rasgos más característicos de la concepción "universalista" de la lógica.

El *Gabelbarkeitssatz* de Carnap (2000) no se tiene, porque presupone que todo conjunto consistente de fórmulas de la lógica de segundo orden tiene un *modelo*. En la introducción de su tesis doctoral –donde prueba precisamente que este supuesto si es válido para $\mathcal{L}_1$-fórmulas- Gödel (1929) afirma que esto solo sería cierto si no hubiera teorías categóricas (formuladas en un lenguaje de segundo orden) para las que pudiera construirse un enunciado indecidible, algo que le parece improbable. Esa afirmación, que a primera vista nos puede extrañar un poco, se entiende perfectamente a la luz de Carnap (2000). Pues, en efecto, una teoría categórica Γ es no bifurcable, por lo que de la existencia de un enunciado indecidible g se sigue que $\Gamma \cup \{g\}$ o bien $\Gamma \cup \{\neg g\}$ debe ser insatisfacible. En virtud del primer teorema de incompletud de Gödel (1931) y de la categoricidad de $\mathbf{PA}^2$, sabemos que $\mathbf{PA}^2 \cup \{\neg g\}$ (donde g es la fórmula de Gödel) es insatisfacible. De ahí se sigue, como es sabido, que $\mathbf{PA}^2 \models g$, o sea, que $\mathbf{PA}^2 \rightarrow g$ es una fórmula válida. Henkin (1947) presenta su prueba de completud para la teoría de tipos de Church como una respuesta al hecho de que $\mathbf{PA}^2 \rightarrow g$ sea válida (esto no aparecerá en Henkin (1950)). La idea es que con una semántica de modelos generales $\mathbf{PA}^2 \not\models_{\mathcal{GS}} g$, porque g será falsa en cierto modelo no estándar. Esto implica, naturalmente, que $\not\models_{\mathcal{GS}} \mathbf{PA}^2 \rightarrow g$ y que perdemos categoricidad. El cambio de semántica supone que nuestras fórmulas válidas van a coincidir con los teoremas lógicos, de tal manera que, gracias a los significados no estándar, recuperamos el equilibrio entre cálculos y modelos.

Conclusiones

En la historia de la lógica, Husserl y Carnap son eclipsados por Hilbert, Tarski y Gödel. Al primero le faltaron las herramientas formales que Hilbert desarrolló a partir de 1917; al segundo, la distinción entre lenguaje objeto y metalenguaje y, quizá, una mejor comprensión de las relaciones entre categoricidad, no bifurcabilidad y decidibilidad. Sin embargo, en este libro se ha tratado de ofrecer una interpretación más balanceada del lugar de Husserl y Carnap en la historia de las nociones de completud.

El principal resultado de esta investigación es que, en 1901, Husserl anticipó (informalmente) los tres conceptos de completud identificadas por Fraenkel y Carnap casi tres décadas después. Una teoría "absolutamente definida" tiene un único modelo, no admite proposiciones independientes y "decide", de una manera que oscila entre lo semántico y lo sintáctico, cualquier proposición escrita en su lenguaje. Esto se confirma por el hecho de que Husserl es citado tanto por Fraenkel como por Carnap cuando explican el concepto de "decidibilidad".

Así, en el debate en torno a la extensión de nuestros sistemas numéricos surge la pregunta por las propiedades lógico-formales de las teorías que los describen. De acuerdo con Husserl, si las teorías del dominio antiguo y del dominio más amplio están "definidas", entonces esa extensión será consistente. Luego Husserl pensaba que

no solo había dominios que podemos llamar completos (o sea, "absolutamente definidos") sino también teorías. El paso de la completud
de los modelos a la completud de las teorías en un momento tan
temprano es mérito suyo. Él defendía que la Hilbert completud de
una teoría debía obtenerse como un (meta)teorema de la misma y
no por medio de un axioma específicamente diseñado para ello.

No obstante, sería anacrónico afirmar que debemos interpretar
las "teorías absolutamente definidas" exactamente como teorías categóricas o exactamente como teorías completas. Esto es imposible
sin una noción precisa de isomorfismo (que puede ser encontrada en
los "teóricos americanos de los postulados") y sin un concepto formal de inferencia. Aún así, hay algunos parecidos entre los estudios
de Husserl y Veblen. En particular, ambos concluyen que si una
teoría tiene un único modelo, entonces toda proposición formulada
en su lenguaje es o bien consecuencia (semántica) de sus axiomas
o bien los contradice.

En la parte negativa, Husserl creía que la extensión de los sistemas numéricos es análoga a la extensión de la geometría absoluta
por medio del quinto postulado o de su negación. Esto implica que
la geometría absoluta "se bifurca" en las geometrías euclidianas y
no euclidianas. Hay evidencia textual suficiente para concluir que,
para Husserl, una teoría "relativamente definida" (las teorías de
los naturales, enteros y racionales) es bifurcable en el sentido del
concepto de Carnap. Sin embargo, estas teorías no pueden ser bifurcables, pues no todos los axiomas de, por ejemplo, los números
naturales son verdaderos en los sistemas numéricos más amplios.
Si aceptamos que una "teoría relativamente definida" es bifurcable,
entonces los resultados de esta investigación también afectan a las
interpretaciones de Centrone y Hartimo. Una teoría bifurcable no
puede ser ni completa ni tampoco categórica.

A pesar de ello, las tesis de Husserl en la *Doppelvortrag* pueden conducir a discusiones interesantes sobre la naturaleza de los términos no denotativos. ¿Cómo podemos manejarlos en nuestros sistemas formales más allá de la lógica clásica? Podemos considerar que sus referentes están en otro "*sort*", o que denotan una clase especial de valores (los "no existentes") o que la función de interpretación para términos es parcial. Esto último fue defendido en este libro. En cualquier caso, a veces la elección entre uno u otro enfoque no obedece a razones matemáticas, sino puramente a razones filosóficas. Creo que las $E!$-sentencias de la lógica libre (con semántica negativa) pueden modelar adecuadamente los "axiomas existenciales" de Husserl. Mi solución reivindica el papel de estos axiomas en la transición hacia lo ideal, así como el concepto intuitivo de "inmersión" que introduce Husserl en la *Doppelvortrag*.

En cuanto a Carnap, este libro explota la relación profunda que hay entre sus nociones de completud (categoricidad, no bifurcabilidad y decidibilidad) y los resultados de incompletud de Gödel. Así, la afirmación de Gödel de que asumir (como hacía Carnap) que todo conjunto consistente de fórmulas (esto es, sin contradicción) tiene un modelo presupone que toda teoría categórica es completa solo puede ser entendida a la luz de la noción de "bifurcabilidad". Si hubiera una teoría categórica e incompleta, entonces no se "bifurcaría" en la sentencia indecidible, sino que la unión de su negación y la teoría categórica no tendría un modelo (una teoría categórica no puede tener modelos no isomorfos). Para hacer "bifurcable" la aritmética de Peano de segundo orden en la fórmula de Gödel, tendríamos que admitir una clase de estructuras más amplia de tal manera que esta fórmula sería verdadera en los modelos estándar y falsa en los no estándar (perdiendo, así, categoricidad).

Al hacer esto, la clase de fórmulas válidas se reduce y puede hacerse coincidir con la de teoremas lógicos. Este es el teorema de completud para la teoría de tipos probado por Henkin en su tesis doctoral, donde él introducía este teorema haciendo referencia a los modelos que harían falsa a la fórmula de Gödel (lo cual desaparece en el artículo de 1950). Esto será la clave para recuperar completud. Creo que su idea de reconsiderar las posibilidades que nos abren los significados no estándar de nuestros formalismos es un terreno fértil no solo para las investigaciones en lógica, sino también para la filosofía.

Referencias

Andréka, H., van Benthem, J., Bezhanishvili, N., y Németi, I. (2014). Changing a semantics: opportunism or courage? En *The Life and Work of Leon Henkin. Essays on His Contributions* (pp. 307–337). Berlín: Springer.

Awodey, S., y Carus, A. (2001). Carnap, completeness, and categoricity: The Gabelbarkeitssatz of 1928. *Erkenntnis, 54*(2), 145–172.

Awodey, S., y Reck, E. H. (2002a). Completeness and categoricity. Part 1: Nineteenth-century axiomatics to twentieth-century metalogic. *History and Philosophy of Logic, 23*(1), 1–30.

Awodey, S., y Reck, E. H. (2002b). Completeness and categoricity. Part 2: Twentieth-century metalogic to twenty-first-century semantics. *History and Philosophy of Logic, 23*(2), 77–94.

Baldus, R. (1928). Zur Axiomatik der Geometrie I. *Mathematische Annalen, 100*(1), 321–333.

Barrett, T. W., y Halvorson, H. (2016). Morita equivalence. *The Review of Symbolic Logic, 9*(3), 556–582.

Behmann, H. (1921). *Entscheidungsproblem und Algebra der Logik.* (manuscrito no publicado, 10 de mayo de 1921)

Bernays, P. (1918). Beiträge zur axiomatischen Behandlung des Logik-Kalküls. En *David Hilbert's Lectures on the Foundations of Arithmetic and Logic: 1917–1933* (pp. 222–273). Berlín: Springer.

Beth, E. W. (1954). A Topological Proof of the Theorem of Löwenheim-Skolem-Gödel. *Journal of Symbolic Logic, 19*(1), 61–61.

Bôcher, M. (1904). The fundamental conceptions and methods of mathematics. *Bulletin of the American Mathematical Society, 11*(3), 115–135.

Bonk, T., y Mosterín, J. (2000). Einleitung. En *Untersuchungen zur allgemeinen Axiomatik* (pp. 1–47). Darmstadt: Wissenschaftliche Buchgesellschaft.

Boolos, G. (1998). *Logic, logic, and logic.* Harvard: Harvard University Press.

Boolos, G., Burgess, J., y Jeffrey, R. (2002). *Computability and Logic.* Cambridge: Cambridge University Press.

Carnap, R. (1992). *Autobiografía intelectual.* Barcelona: Paidós.

Carnap, R. (2000). *Untersuchungen zur allgemeinen Axiomatik.* Darmstadt: Wissenschaftliche Buchgesellschaft.

Centrone, S. (2010). *Logic and Philosophy of Mathematics in the early Husserl.* Berlín: Springer.

Centrone, S., y Da Silva, J. J. (2017). Husserl and Leibniz: Notes on the Mathesis Universalis. En *Essays on husserl's logic and philosophy of mathematics* (pp. 1–23). Berlín: Springer.

Corcoran, J. (1972). Reid, Constance. Hilbert (a Biography). Reviewed by Corcoran. *Philosophy of Science*, *39*, 106–108.

Corcoran, J. (1980a). Categoricity. *History and philosophy of logic*, *1*(1-2), 187–207.

Corcoran, J. (1980b). On definitional equivalence and related topics. *History and Philosophy of Logic*, *1*, 231–234.

Corry, L. (2004). *David Hilbert and the Axiomatization of Physics (1898–1918): From Grundlagen der Geometrie to Grundlagen der Physik*. Berlín: Springer.

Da Silva, J. J. (2000). Husserl's two notions of completeness. *Synthese*, *125*(3), 417–438.

Da Silva, J. J. (2013). Husserl and Hilbert on Completeness and the Imaginary. En *The Road Not Taken. On Husserl's Philosophy of Logic and Mathematics* (pp. 115–36). Londres: College Publications.

Da Silva, J. J. (2016). Husserl and Hilbert on completeness, still. *Synthese*, *193*(6), 1925–1947.

Dawson, J. W. (1993). The compactness of first-order logic: from Gödel to Lindström. *History and Philosophy of Logic*, *14*(1), 15–37.

Dedekind, R. (2013). *Was sind und was sollen die Zahlen? Stetigkeit und Irrationale Zahlen*. Berlín: Springer.

de Rouilhan, P. (1991). De l'universalité de la logique. En *L'âge de la science* (pp. 93–119). París: Jacob.

Detlefsen, M. (2005). Formalism. En *The Oxford Handbook of Philosophy of Mathematics and Logic* (pp. 236–317). Oxford: Oxford University Press.

Dreben, B., y Van Heijenoort, J. (1986). Introductory note to Gödel 1929, 1930, and 1930a. En *Kurt Gödel. Collected Works* (Vol. 53, pp. 44–59). Oxford: Oxford University Press.

Etchemendy, J. (1988). Tarski on truth and logical consequence. *The Journal of Symbolic Logic, 53*(1), 51–79.

Ewald, W., y Sieg, W. (2013). Introduction to Prinzipien der Mathematik. En *David Hilbert's Lectures on the Foundations of Arithmetic and Logic: 1917–1933* (pp. 32–58). Berlín: Springer.

Farmer, W. M. (1990). A partial functions version of church's simple theory of types. *The Journal of Symbolic Logic, 55*(3), 1269–1291.

Fraenkel, A. A. (1923). *Einleitung in die Mengenlehre*. Berlín: Springer.

Fraenkel, A. A. (1928). *Einleitung in die Mengenlehre*. Berlín: Springer.

Frege, G. (1879). Begriffsschrift, a formula language, modeled upon that of arithmetic, for pure thought. En *From Frege to Gödel: A source book in mathematical logic* (pp. 1–82).

Frost-Arnold, G. (2013). *Carnap, Tarski, and Quine at Harvard: conversations on logic, mathematics, and science* (Vol. 5). Chicago: Open Court.

Giovannini, E. N. (2013). Completitud y continuidad en Fundamentos de la geometría de Hilbert: acerca del Vollständigkeitsaxiom. *THEORIA. Revista de Teoría, Historia y Fundamentos de la Ciencia*, *28*(1), 139–163.

Gödel, K. (1929). Über die Vollständigkeit des Logikkalküls. En *Kurt Gödel. Collected Works* (Vol. 1, pp. 60–101). Oxford: Oxford University Press.

Gödel, K. (1930). Die Vollständigkeit der Axiome des logischen Funktionenkalküls. En *Kurt Gödel. Collected Works* (Vol. 1, pp. 102–123). Oxford: Oxford University Press.

Gödel, K. (1931). Über formal unentscheidbare Sätze der Principia Mathematica und verwandter Systeme I. En *Kurt Gödel. Collected Works* (Vol. 1, pp. 144–195). Oxford: Oxford University Press.

Gödel, K. (2003). *Kurt Gödel. Collected Works* (Vol. 5). Oxford: Oxford University Press.

Goldfarb, W. (1979). Logic in the twenties: the nature of the quantifier 1. *The Journal of Symbolic Logic*, *44*(3), 351–368.

Goldfarb, W. (2005). On Gödel's way in: The influence of Rudolf Carnap. *Bulletin of Symbolic Logic*, *11*(2), 185–193.

Gómez-Torrente, M. (1996). Tarski on logical consequence. *Notre Dame Journal of Formal Logic*, *37*(1), 125–151.

Gómez-Torrente, M. (2009). Rereading Tarski on logical consequence. *The Review of Symbolic Logic*, *2*(2), 249–297.

Hahn, H. (1907). Über die nichtarchimedischen größensysteme. En *Hans hahn gesammelte abhandlungen.* (Vol. 1, pp. 445–499). Berlín: Springer.

Hankel, H. (1867). *Theorie der complexen Zahlensysteme: insbesondere der gemeinen imaginären Zahlen und der Hamilton'schen Quaternionen, nebst ihrer geometrischen Darstellung* (Vol. 1). L. Voss.

Hartimo, M. (2007). Towards completeness: Husserl on theories of manifolds 1890–1901. *Synthese, 156*(2), 281–310.

Hartimo, M. (2017). Husserl and Hilbert. En *Essays on husserl's logic and philosophy of mathematics* (pp. 245–263). Springer.

Hartimo, M. (2018). Husserl on completeness, definitely. *Synthese, 195*(4), 1509–1527.

Heck, R. (2010). Frege and semantics. En *The cambridge companion to frege* (pp. 342–378). Cambridge: Cambridge University Press.

Henkin, L. (1947). Ph. D. Dissertation "The Completeness of Formal Systems". En *Leon Henkin papers, 1941-2003.* Carton 1, Folder 11, Bancroft Library, UC Berkeley. (mecanografiado no publicado)

Henkin, L. (1950). Completeness in the theory of types. *The Journal of Symbolic Logic, 15*(2), 81–91.

Henkin, L. (1954). Metamathematical theorems equivalent to the prime ideal theorem for Boolean algebras. *Bulletin A. M. S, 60*, 387–388.

Henkin, L. (1962). Are logic and mathematics identical? *Science*, *138*(3542), 788–794.

Henkin, L. (1967a). Completeness. En *Philosophy of science today* (pp. 23–35). New York: Basic Books.

Henkin, L. (1967b). Truth and provability. En *Philosophy of science today* (pp. 14–22). New York: Basic Books.

Hilbert, D. (1899). *Grundlagen der Geometrie*. Leipzig: Teubner.

Hilbert, D. (1900a). *Les principes fondamentaux de la géométrie*. París: Gauthier-Villars.

Hilbert, D. (1900b). Mathematical Problems. En *From Kant to Hilbert: A source book in the foundations of mathematics* (Vol. 2, pp. 1096–1105). Oxford: Oxford University Press.

Hilbert, D. (1900c). On the concept of number. En *From Kant to Hilbert: A source book in the foundations of mathematics* (Vol. 2, pp. 1089–1096). Oxford: Oxford University Press.

Hilbert, D. (1903). *Grundlagen der geometrie*. Leipzig: Teubner.

Hilbert, D. (1917/18). Prinzipien der mathematik. En *David hilbert's lectures of arithmetic and logic on the foundations 1917–1933* (pp. 59–215). Berlín: Springer.

Hilbert, D. (1921/22). Grundlagen der mathematik. En *David hilbert's lectures of arithmetic and logic on the foundations 1917–1933* (pp. 431–522). Berlín: Springer.

Hilbert, D. (1925). On the infinite. *From Frege to Gödel: A Source Book in Mathematical Logic*, 367–392.

Hilbert, D., y Ackermann, W. (1928). Grundzüge der theoretischen Logik. En *David hilbert's lectures of arithmetic and logic on the foundations 1917–1933* (pp. 809–915). Berlín: Springer.

Hill, C. O. (1995). Husserl and Hilbert on completeness. En *From dedekind to gödel* (pp. 143–163). Springer.

Hintikka, J. (1988). On the development of the model-theoretic viewpoint in logical theory. *Synthese*, *77*, 1–36.

Hodges, W. (1985). Truth in a structure. En *Proceedings of the aristotelian society* (Vol. 86, pp. 135–151).

Hodges, W. (1993). *Model theory.* Cambridge: Cambridge University Press.

Hodges, W. (2006). Teoría de Modelos o la venganza de Peacock. *Azafea. Revista de Filosofía*, *8*, 35–52.

Hodges, W. (2018). Tarski's truth definitions. En E. N. Zalta (Ed.), *The stanford encyclopedia of philosophy* (Fall 2018 ed.). Metaphysics Research Lab, Stanford University. `https://plato.stanford.edu/archives/fall2018/entries/tarski-truth/`.

Huntington, E. V. (1902). A complete set of postulates for the theory of absolute continuous magnitude. *Transactions of the American Mathematical Society*, *3*(2), 264–279.

Huntington, E. V. (1906). The fundamental laws of addition and multiplication in elementary algebra. *The Annals of Mathematics*, *8*(1), 1–44.

Husserl, E. (1891). Review of Vorlesungen über die algebra der logik (exakte logik), von dr. ernst schröder,... *Göttingische Gelehrte Anzeigen*, 243—278.

Husserl, E. (1913). Ideen zu einer reinen phänomenologie und phänomenologischen philosophie. *Jahrbuch für Philosophie und phiinomenologische Forschung, I.*

Husserl, E. (1969). *Formal and Transcendental Logic.* Den Haag: Martinus Nijhoff.

Husserl, E. (1970). *Philosophie der Arithmetik.* Den Haag: Martinus Nijhoff.

Husserl, E. (2003). *Philosophy of arithmetic: Psychological and logical investigations with supplementary texts from 1887-1901 (D. Willard, Trans.).* Dordrecht: Kluwer.

Husserl, E. (2012). *Ideas pertaining to a pure phenomenology and to a phenomenological philosophy: First book: General introduction to a pure phenomenology* (Vol. 2). Den Haag: Martinus Nijhoff.

Jahnke, H. N. (2003). *A History of Analysis.* American Mathematical Society.

Kleene, S. C. (1986). Introductory note to 1930b, 1931 and 1932b. En *Kurt Gödel. Collected Works* (Vol. 1, pp. 126–141). Oxford: Oxford University Press.

Kleiner, I. (2007). *A History of Abstract Algebra.* Berlín: Birkhäuser.

Linsky, B. (2016). The Notation in Principia Mathematica. En E. N. Zalta (Ed.), *The stanford encyclopedia of philosophy*

(Fall 2016 ed.). Metaphysics Research Lab, Stanford University. `https://plato.stanford.edu/archives/fall2016/`
`entries/pm-notation/`.

Löwenheim, L. (1915). On the possibilities in the calculus of re-
latives. En *From Frege to Gödel: A source book in mathematical
logic* (pp. 228–251).

Majer, U. (1997). Husserl and Hilbert on completeness. *Synthese,*
110(1), 37–56.

Mancosu, P. (1999). Between Russell and Hilbert: Behmann on the
foundations of mathematics. *Bulletin of Symbolic Logic, 5*(3),
303–330.

Mancosu, P. (2006). Tarski on models and logical consequence.
The architecture of modern mathematics, 209–237.

Mancosu, P. (2010). *The Adventure of Reason. Interplay between
Mathematical Logic and Philosophy of Mathematics: 1900–1940.*
Oxford: Oxford University Press.

Mancosu, P. (2015). *Infini, logique, géométrie.* París: Librairie
Philosophique J. Vrin.

Mancosu, P. (2016). *Abstraction and Infinity.* Oxford: Oxford
University Press.

Mancosu, P., Zach, R., y Badesa, C. (2009). The development
of mathematical logic from Russell to Tarski, 1900–1935. *The
development of modern logic*, 318–470.

Manzano, M. (1996). *Extensions of first-order logic.* Cambridge:
Cambridge University Press.

Manzano, M. (1999). *Model theory.* Oxford: Oxford University Press.

Manzano, M., y Alonso, E. (2014). Completeness: from Gödel to Henkin. *History and Philosophy of Logic, 35*(1), 50–75.

Mceldowney, P. A. (2019). On Morita equivalence and interpretability. *The Review of Symbolic Logic*, 1–28.

Moore, G. H. (1997). Hilbert and the emergence of modern mathematical logic. *Theoria. Revista de teoría, historia y fundamentos de la ciencia, 12*(1), 65–90.

Mosterín, J., y Torretti, R. (2002). *Diccionario de Lógica y Filosofía de la Ciencia.* Madrid: Alianza.

Nolt, J. (2007). Free logics. En *Philosophy of Logic* (pp. 1023–1060). Amsterdam: North-Holland.

Padoa, A. (1901). Logical introduction to any deductive theory. *From Frege to Gödel: A Source Book in Mathematical Logic*, 118–123.

Peano, G. (1910). Foundations of analysis. En *Selected works of giuseppe peano* (pp. 219–226). Toronto: University of Toronto Press.

Proops, I. (2007). Russell and the Universalist Conception of Logic. *Noûs, 41*(1), 1–32.

Raatikainen, P. (2018). Gödel's incompleteness theorems. En E. N. Zalta (Ed.), *The stanford encyclopedia of philosophy* (Fall 2018 ed.). Metaphysics Research Lab, Stanford University. `https://plato.stanford.edu/archives/fall2018/entries/goedel-incompleteness/`.

Read, S. (1997). Completeness and categoricity: Frege, Gödel and model theory. *History and Philosophy of Logic*, *18*(2), 79–93.

Reck, E. H. (2007). Carnap and modern logic. En *The Cambridge companion to Carnap* (pp. 176–199). Oxford: Oxford University Press.

Reck, E. H. (2013). Developments in logic: Carnap, Gödel, and Tarski. En *The oxford handbook of the history of analytic philosophy* (pp. 546–571). Oxford: Oxford University Press.

Ricketts, T. G. (1985). Frege, the Tractatus, and the logocentric predicament. *Nous*, 3–15.

Rivenc, F. (1993). *Recherches sur l'universalisme logique. Russell et Carnap*. París: Payot.

Rowe, D. (2000). The calm before the storm: Hilbert's early views on foundations. En *Proof theory* (pp. 55–93). Springer.

Russell, B. (1963). Letter to Henkin. En *The Search for Mathematical Roots* (pp. 592–593). Princeton: Princeton University Press.

Scanlan, M. (2003). American postulate theorists and Alfred Tarski. *History and Philosophy of Logic*, *24*(4), 307–325.

Schiemer, G. (2013). Carnap's early semantics. *Erkenntnis*, *78*(3), 487–522.

Schiemer, G., Zach, R., y Reck, E. (2017). Carnap's early metatheory: scope and limits. *Synthese*, *194*(1), 33–65.

Schröder, E. (1890). *Vorlesungen über die Algebra der Logik (exakte Logik), von Dr. Ernst Schröder,...* Leipzig: BG Teubner.

Scott, D. (1979). Identity and existence in intuitionistic logic. En *Applications of sheaves* (pp. 660–696). Berlín: Springer.

Sieg, W. (2013). *Hilbert's Programs and beyond.* Oxford: Oxford University Press.

Skolem, T. (1920). *Logico-combinatorial investigations in the satisfiability or provability of mathematical propositions.*

Skolem, T. (1933). Uber die Unmoglichkeit einer vollstandigen Charakterisierung der Zahlenreihe mittels eines endlichen Axiomensystems. *Norsk Matematisk Tidsskrif*, 73–82.

Stone, M. H. (1934). Boolean algebras and their application to topology. *Proceedings of the National Academy of Sciences of the United States of America, 20*(3), 197.

Tappenden, J. (1997). Metatheory and mathematical practice in frege. *Philosophical Topics, 25*(2), 213–264.

Tarski, A. (1925). Sur les principes de l'arithmétique des nombres ordinaux (transfinis). *Ann. Soc. Pol. Math, 3*, 148–149.

Tarski, A. (1931). On definable sets of real numbers. En *Logic, semantics, metamathematics: papers from 1923 to 1938* (pp. 110–142). Indianápolis: Hackett Publishing Company.

Tarski, A. (1934). Some methodological investigations on the definability of concepts. En *Logic, semantics, metamathematics: papers from 1923 to 1938* (pp. 296–319). Indianápolis: Hackett Publishing Company.

Tarski, A. (1936). On the concept of logical consequence. En *Logic, semantics, metamathematics: papers from 1923 to 1938* (p. 409-420). Indianápolis: Hackett Publishing Company.

Tarski, A. (1940). On the completeness and categoricity of deductive systems. En *The Adventure of Reason. Interplay between philosophy of mathematics and mathematical logic: 1900–1940* (pp.
485–492). Oxford: Oxford University Press.

Tarski, A., y Lindenbaum, A. (1935). On the Limitations of the
Means of Expression of Deductive Theories. En *Logic, seman-
tics, metamathematics: papers from 1923 to 1938* (p. 384-392).
Indianápolis: Hackett Publishing Company.

Tennant, N. (2000). Deductive versus expressive power: a pre-
Gödelian predicament. *The Journal of philosophy, 97*(5), 257–
277.

Väänänen, J., y Wang, T. (2015). Internal categoricity in arithmetic
and set theory. *Notre Dame Journal of Formal Logic, 56*(1), 121–
134.

Van Heijenoort, J. (1967). Logic as Language and Logic as Calculus.
Synthese, 17(1), 324–330.

Veblen, O. (1904). A system of axioms for geometry. *Transactions
of the American Mathematical Society, 5*(3), 343–384.

Veblen, O. (1906). The foundations of geometry: A historical sketch
and a simple example. *Popular Science Monthly, 68*, 21–28.

Weyl, H. (1927). Philosophie der Mathematik. *Naturwissenschaft.
München u. Berlin*.

Whitehead, A. N., y Russell, B. (1910). *Principia Mathematica*
(Vol. I). Cambridge: Cambridge University Press.

Wittgenstein, L. (1921). Logisch-philosophische abhandlung. *Annalen der Naturphilosophie*, *14*, 185–262.

Wright, C. (1983). *Frege's Conception of Numbers as Objects.* Aberdeen: Aberdeen University Press.

Wright, C. (1998). On the harmless impredicativity of N=('Hume's principle'). En *Philosophy of mathematics today* (p. 339–368.). Oxford: Clarendon Press.

Zach, R. (1999). Completeness before Post: Bernays, Hilbert, and the development of propositional logic. *Bulletin of Symbolic Logic*, *5*(3), 331–366.

218 *REFERENCIAS*

Glosario

axioma de completud El axioma de completud (*"Vollstandig-keitsaxiom"*) establece la imposibilidad de extender el universo de las estructuras que son modelo de la teoría sin hacer falso alguno de sus axiomas. 40

bifurcabilidad Una teoría f es bifurcable (*"gabelbar"*) en una función proposicional g de su lenguaje syss existen dos modelos $\mathfrak{R}$ y $\mathfrak{S}$ de f tales que $\mathfrak{R}$ satisface g y $\mathfrak{S}$ satisface $\neg g$.

Una teoría f es no-bifurcable (*"nicht-gabelbar"*) syss, para todo modelo $\mathfrak{R}$ de f y toda función proposicional g de su lenguaje, $\mathfrak{R}$ satisface a g o $\mathfrak{R}$ satisface a $\neg g$. 31, 61, 77, 107, 170

completud de Dedekind Una recta numérica es Dedekind completa syss tiene la propiedad de la mínima cota superior. 41

completud de Hilbert Una teoría f es Hilbert completa syss para cualesquiera modelos $\mathfrak{R}$ y $\mathfrak{S}$ de f, si $\mathfrak{R}$ está incluido en $\mathfrak{S}$, entonces $\mathfrak{R} = \mathfrak{S}$. 37, 117

completud de Post Una teoría f es Post completa si la adición de una fórmula no deducible a los axiomas vuelve inconsistente a la teoría. 51

completud relativa Una teoría Γ es relativamente completa syss, para toda sentencia lógica ψ de su lenguaje, ψ o $\neg\psi$ es equivalente (con respecto a Γ) a una sentencia no lógica φ tal que $\varphi \in \Gamma$. 86

consecuencia Una función proposicional g es consecuencia (*"Folgerung"*) de una conjunción de funciones proposicionales f syss todo modelo $\mathfrak{R}$ de f también es modelo de g. 28, 63, 92

decidibilidad Una teoría f es decidible (*"entscheidungsdefinit"*) syss, para toda función proposicional g de su lenguaje, g es consecuencia de f o $\neg g$ es consecuencia de f.

Una teoría f es k-decidible (*"k-entscheidungsdefinit"*) syss, para toda función proposicional g de su lenguaje, puede especificarse un procedimiento que permita decidir si $f \to g$ o $f \to \neg g$ en un número finito de pasos. 32, 61, 90, 93, 171

dominio Una esfera de objetos (*"Sphäre von Objekten"*) es el dominio (*"Gebiet"*, *"Objektgebiet"*, *"Mannigfaltigkeit"*) de una teoría syss para esa esfera de objetos las proposiciones de la teoría son verdaderas. En términos actuales, es el modelo deseado de la teoría. 16, 45

dominio absolutamente definido Un dominio está absolutamente definido syss es Dedekind completo. 46

dominio relativamente definido Un dominio está relativamente definido syss no es Dedekind completo. 46

función proposicional Si $\phi(a)$ es una proposición, entonces $\phi(x)$ es una función proposicional. ϕ es una función cuyo *input* es x

y cuyo *output* es una proposición (o sea, un valor de verdad).
26

función proposicional formal Una función proposicional f es
una función proposicional formal (*"formale Aussagenfunktion"*)
syss, para todo modelo $\mathfrak{R}$ de f, si $\mathfrak{R}$ y $\mathfrak{S}$ son isomorfos, entonces $\mathfrak{S}$ también es modelo de f. 31, 168

modelo Un sistema de relaciones $P_1, ..., P_n$ de un mismo tipo (abreviado, $\mathfrak{R}$) es modelo (*"Modell"*) de una función proposicional
f syss $f\mathfrak{R}$ es una función proposicional verdadera. 27

modelo maximal Un modelo $\mathfrak{R}$ de f es maximal (*"Maximalmo-
dell"*) syss no existe un $\mathfrak{S}$ tal que $\mathfrak{R} \neq Q$, $\mathfrak{R}$ es un subconjunto
propio de $\mathfrak{S}$ y $\mathfrak{S}$ satisface a f. 36, 70

modelo minimal Un modelo $\mathfrak{R}$ de f es minimal (*"Minimalmo-
dell"*) syss no existe un $\mathfrak{S}$ tal que $\mathfrak{R} \neq Q$, $\mathfrak{S}$ es un subconjunto propio de $\mathfrak{R}$ y $\mathfrak{S}$ satisface a f. 36

monomorfía Una teoría f es monomórfica (*"monomorph"*) syss,
para cada par de modelos $\mathfrak{R}$ y $\mathfrak{S}$ de f, existe un isomorfismo
h desde $\mathfrak{R}$ hacia $\mathfrak{S}$. 32, 64, 74, 169

número ideal Un número es ideal (*"imaginär"*) syss no es natural. 14

objeto ideal Un objeto es ideal (*"imaginär"*) para una teoría syss
no está en el dominio de esa teoría. 18, 103

polimorfía Una teoría f es polimórfica (*"polymorph"*) syss existen
dos modelos $\mathfrak{R}$ y $\mathfrak{S}$ de f tales que $\mathfrak{R}$ y $\mathfrak{S}$ no son isomorfos.
32

teoría Para Husserl, una teoría es un conjunto finito de proposiciones escritas en un lenguaje matemático semi-formal.

Para Carnap, es una conjunción de funciones proposicionales escritas en el lenguaje de la teoría de tipos. 15, 27

Sobre el autor

Víctor Aranda es Profesor Ayudante Doctor en el Departamento de Lógica y Filosofía Teórica de la Universidad Complutense de Madrid. Ha sido investigador visitante en las universidades de Aveiro y Berkeley e investigador postdoctoral en la Nicolás Copérnico de Toruń. Además, trabajó en la Universidad de Salamanca, como Profesor Asociado, y en la Autónoma de Madrid, como Personal Investigador en Formación. Ha publicado artículos científicos en revistas especializadas de lógica, como *Bulletin of the Section of Logic* o *Logica Universalis*, y participado en numerosos congresos internacionales del área. En 2021, recibió el *Spanish Logic Prize* por su artículo "Completeness: from Husserl to Carnap". Actualmente, su investigación se centra en el desarrollo de versiones no-clásicas de la teoría de tipos de Church.

www.ingramcontent.com/pod-product-compliance
Lightning Source LLC
Chambersburg PA
CBHW071422090426
42737CB00011B/1537